Priscilla Funduluka
Boyd Mudenda
Roma Chilengi

Factores que levam as mães a optar por substitutos do leite materno

Priscilla Funduluka
Boyd Mudenda
Roma Chilengi

Factores que levam as mães a optar por substitutos do leite materno

Imprint

Any brand names and product names mentioned in this book are subject to trademark, brand or patent protection and are trademarks or registered trademarks of their respective holders. The use of brand names, product names, common names, trade names, product descriptions etc. even without a particular marking in this work is in no way to be construed to mean that such names may be regarded as unrestricted in respect of trademark and brand protection legislation and could thus be used by anyone.

Cover image: www.ingimage.com

This book is a translation from the original published under ISBN 978-620-2-05579-6.

Publisher:
Sciencia Scripts
is a trademark of
Dodo Books Indian Ocean Ltd. and OmniScriptum S.R.L publishing group

120 High Road, East Finchley, London, N2 9ED, United Kingdom
Str. Armeneasca 28/1, office 1, Chisinau MD-2012, Republic of Moldova, Europe
Printed at: see last page
ISBN: 978-620-7-93018-0

Índice:

RESUMO

O incumprimento do Código Internacional de Comercialização de Substitutos do Leite Materno (ICMBMS) e/ou do Instrumento Estatutário (SI) n.º 48 de 2006 das Leis da Zâmbia por parte dos fabricantes e distribuidores é predominante, constituindo um desafio ao sucesso da amamentação. O código de comercialização de substitutos do leite materno da Organização Mundial de Saúde (OMS) é uma componente importante do esforço global para proteger a amamentação. Foi desenvolvido em 1981, como uma estrutura internacional de saúde pública para promover o aleitamento materno e garantir o uso seguro de substitutos do leite materno quando necessário. Desde então, mais de 84 países adoptaram esta legislação, implementando a totalidade ou parte das suas disposições. Na Zâmbia, foi promulgada como Instrumento Estatutário N.º 48 sobre a Comercialização de Substitutos do Leite Materno, Regulamentos de 2006. Os factores associados ao não cumprimento do código são desconhecidos na Zâmbia. Para determinar os factores associados ao não cumprimento do código, foi realizado um estudo nas comunidades de Kalingalinga e Chelstone, em Lusaca. Foi aplicado um método de triangulação simultânea, através do qual foram utilizados questionários estruturados para recolher dados quantitativos e discussões em grupos de discussão para obter dados qualitativos.

Foram efectuadas entrevistas a proprietários de lojas (80), profissionais de saúde (8) e mães (214). As observações forneceram dados sobre os rótulos dos substitutos do leite materno e os anúncios publicitários (62). Os dados foram analisados utilizando os programas Stata e NVIVO, respetivamente. Os resultados revelaram que a imagem do biberão nos rótulos [AOR: 22 (IC95%: 4-131)] e os rótulos de fórmulas para lactentes que se assemelham a fórmulas de transição [AOR: 18 (IC95%: 2-172)] eram mais susceptíveis de causar incumprimento entre os fabricantes. Foi também referido que os fabricantes promoviam os BMS com rótulos e cartazes aliciantes. Os produtos inadequados expostos perto de substitutos do leite materno [AOR: 22(95%:2-212)] e a publicidade nos pontos de venda [AOR: 80(95%CI: 6-1019)] foram mais susceptíveis de causar incumprimento entre os distribuidores. O choro da criança, o facto de a mãe trabalhar ou estudar, a doença e a falta de leite materno foram alguns dos motivos que levaram as mães a optar pela VMC. Outras foram a cesariana, as crenças tradicionais e os desafios associados ao armazenamento do leite extraído. Além disso, foi referido que os amigos, os familiares e os profissionais de saúde têm influência na alimentação dos bebés.

O incumprimento do Código e/ou do SI n.º 48 de 2006 das Leis da Zâmbia prevaleceu em Kalingalinga e Chelstone após 10 anos de promulgação da Lei sobre a comercialização de substitutos do leite materno. Este estudo destacou os problemas de incumprimento do código e/ou do SI n.º 48 de 2006 das Leis da Zâmbia. Forneceu os elementos de prova que justificam a aplicação rotineira da lei para controlar a comercialização não ética de substitutos do leite materno. As informações do estudo também demonstraram a necessidade de reorientar as mensagens sobre alimentação de bebés e crianças pequenas em Kalingalinga e Chelstone.

DEDICAÇÃO

Este livro é dedicado à minha namorada e aos meus filhos pelo seu apoio contínuo durante o programa. Quero ainda dedicar esta dissertação ao meu irmão mais velho, Sr. Isaiah Hamasumo, pelo seu encorajamento na minha educação. Por último, a dissertação é também dedicada aos meus falecidos pais, o Sr. Dickson Mudenda Funduluka e a Sra. Rosa Moono Mudenda Funduluka, pelo seu sacrifício e encorajamento na minha educação inicial, a pedra angular de todo o meu sucesso.

AGRADECIMENTOS

O meu trabalho foi bem sucedido graças à orientação dos meus supervisores: Dr. Boyd Mudenda, Dra. Phoebe Bwembya e Sra. Raider H. Mugode. Os meus agradecimentos aos meus empregadores, nomeadamente ao Ministério da Saúde e à Faculdade de Ciências da Saúde de Chainama, por me terem proporcionado um patrocínio no âmbito da Universidade do Alabama (UAB) no Centro Sparkman. Na mesma linha, estou profundamente grato à UAB pelo apoio financeiro durante todo o período do meu estudo.

Devo também agradecer aos meus colegas de turma do MPH pelo seu valioso apoio, ajuda e dicas, particularmente ao Sr. Brian Chiluba pela introdução de dados no software stata e ao Sr. Perfect Shankalala pelo ficheiro do. Outros são a Sra. Linyaku Mukena Simasiku pela codificação usando o software NVIVO e o Sr. Nathan Kamanga pela análise de dados qualitativos.

CAPÍTULO 1
INTRODUÇÃO

1.1 Antecedentes

O incumprimento do Código Internacional de Comercialização de Substitutos do Leite Materno (ICMBMS) e/ou do Instrumento Estatutário n.º 48 de 2006 das Leis da Zâmbia por parte dos fabricantes e distribuidores continua a prevalecer em Kalingalinga e Chelstone, constituindo um desafio ao sucesso da amamentação. O Código de Comercialização de Substitutos do Leite Materno da Organização Mundial de Saúde (OMS) é uma componente importante do esforço global para proteger a amamentação. Por definição, o Código é uma estratégia global de saúde pública e um quadro político internacional de saúde para a promoção do aleitamento materno (OMS, 1981). Foi desenvolvido e adotado pela Assembleia Mundial de Saúde (WHA) da Organização Mundial de Saúde em 1981 como um padrão internacional mínimo para assegurar a utilização adequada dos substitutos do leite materno. O código é também aprovado pelos fabricantes e foi adotado para fazer face a um declínio geral na prevalência do aleitamento materno em muitas partes do mundo (OMS, 1980).

Informação adequada e práticas de marketing e distribuição apropriadas por parte dos fabricantes e distribuidores são componentes chave do Código. Especificamente, o Código recomenda restrições à comercialização de substitutos do leite materno, tais como fórmulas para lactentes, para garantir que as mães não são desencorajadas a amamentar e que os substitutos só são utilizados de forma segura se necessário (OMS, 1981). O código também abrange considerações éticas e regulamentos para a comercialização de biberões e tetinas (OMS, 1981). Várias resoluções posteriores da OMS clarificaram ou alargaram determinadas disposições do Código. As principais incluem: a Declaração de Innocenti de 1990 sobre a proteção, promoção e suporte ao aleitamento materno (UNICEF, 2006), a Iniciativa Hospital Amigo dos Bebés de 1991 (Naylor, 2001). Outras incluem a Convenção das Nações Unidas sobre os Direitos da Criança (LeBlanc, 1995) e a Estratégia Global para a Alimentação de Lactentes e Crianças na 1ª Infância (OMS e Unicef, 2003).

Subdividido em vários artigos, o Código recomenda que os fabricantes e distribuidores não façam publicidade aos substitutos do leite materno diretamente ao público em geral e às mães, não ofereçam amostras gratuitas, não ofereçam presentes às mães e aos profissionais de saúde e não promovam os substitutos do leite materno nas unidades de saúde. O Código recomenda ainda que não sejam utilizadas palavras ou imagens que idealizem a alimentação artificial, incluindo imagens de bebés com leite materno, e que a informação aos profissionais de saúde seja científica e factual. Para além disso, o Código recomenda que toda a informação sobre alimentação artificial, incluindo os rótulos, explique os benefícios da amamentação, ao mesmo tempo que realça os custos e os perigos associados à alimentação artificial. O Código desencoraja a alimentação de bebés e crianças pequenas com produtos inadequados, como o leite "supa". Coloca a tónica na garantia de que todos os produtos dados às crianças devem ser de alta qualidade e adequados ao clima e condições de armazenamento específicos do país onde são utilizados (OMS, 1981).

Por si só, o ICMBMS não é legalmente aplicável. Desde então, mais de 84 países promulgaram legislação que implementa a totalidade ou parte das disposições do ICMBMS e as subsequentes resoluções relevantes da WHA. Na Zâmbia, a lei foi promulgada como Instrumento Estatutário (SI) número 48 de 2006 pelo Governo da República da Zâmbia, ao abrigo da Lei sobre a Comercialização de Alimentos e Medicamentos de Substitutos do Leite Materno, volume 17, cap. 303, do Ministério da Saúde (GRZ, 2006). Os funcionários governamentais a nível nacional, provincial, distrital e das unidades de saúde foram orientados para a aplicação e o controlo do Código. Além disso, partes do código foram incorporadas em pacotes de formação como a Prevenção da Transmissão de Mãe para Filho (PMTCT) do VIH (OMS, 2006, OMS, 2001), a Prevenção Integrada do Risco de Infância (IYCF) (UNICEF, 2008) e ferramentas de avaliação de desempenho para estabelecimentos de saúde. O não cumprimento do Código e/ou do SI n.º 48 de 2006 das Leis da Zâmbia pelos fabricantes e distribuidores é um problema que pode levar a práticas inadequadas de aleitamento materno e alimentação complementar. O problema também contribui para altas taxas de desnutrição e mortalidade em bebés e crianças pequenas (Tang et al., 2014). A Organização Mundial de Saúde estima que 1,5 milhões de mortes de bebés por ano poderiam ser evitadas através de uma proteção eficaz da amamentação (OMS, 1993). As práticas óptimas de aleitamento materno são importantes, especialmente em países em desenvolvimento como a Zâmbia, onde muitas comunidades têm uma elevada carga de doenças e pouco acesso a água potável e saneamento. O não cumprimento do Código aplica-se à comercialização e às práticas relacionadas com os substitutos do leite materno, quando estes são comercializados para serem utilizados como substitutos parciais ou totais do leite materno. O incumprimento também se aplica à sua qualidade, disponibilidade e informação relativa à sua utilização (OMS, 1981). Os substitutos do leite materno incluem fórmulas infantis, outros produtos lácteos, alimentos/bebidas, biberões e tetinas (OMS, 1981). Quando uma mãe utiliza uma alternativa ao leite materno para alimentar o seu bebé, é importante que tome uma decisão informada e que não tenha sido pressionada por promoções comerciais para utilizar um substituto (Taylor, 1998).

1.2   Revisão da literatura

Vários estudos documentaram factores associados ao não cumprimento do código. Estes factores incluem: influências dos fabricantes, dos distribuidores, dos profissionais de saúde e da comunidade. Além disso, o conhecimento do código e os factores subjacentes às mães também foram associados ao incumprimento do código e/ou da Lei n.º 48 de 2006 das Leis da Zâmbia.

1.2.1   Influências dos fabricantes

Publicidade

O artigo 5.º do ICMBMS recomenda que "não deve haver publicidade ou outra forma de promoção ao público em geral de produtos abrangidos pelo âmbito deste Código" (OMS, 1981). Se o fizer, viola o Código e pode comprometer a situação através da informação fornecida ao público. De acordo com a Assembleia Mundial da Saúde (WHA35.26), "a promoção comercial de substitutos do leite materno através de vários canais contribui para um aumento da alimentação artificial" (Ergin et al., 2013).

Os estudos demonstraram que a publicidade aos substitutos do leite materno prejudica o processo natural de amamentação ao influenciar as escolhas alimentares dos bebés feitas pelas mães. No Reino Unido, por exemplo, as mães que foram expostas a anúncios e mensagens de promoção do aleitamento materno avaliadas, indicaram que ouviram anúncios de substitutos do leite materno 10 vezes mais do que ouviram a promoção do aleitamento materno pelo departamento de saúde. Como resultado, as taxas de aleitamento materno exclusivo eram de 7% aos 4 meses (Hoddinott P, 2008). Em contraste, na Noruega, onde a publicidade dos BMS era estritamente controlada e as mães ouviam mais promoção do aleitamento materno, a taxa de aleitamento materno exclusivo aos 4 meses era de 64% (Mendoza, 2011). Na Tailândia, a televisão foi a principal fonte de informação para a BMS (Barennes H et al., 2012). Cartazes (35%) e folhetos (5%) foram encontrados em uso em Luang Namtha China (Barennes et al., 2012a). Enquanto os anúncios em jornais, bem como num quadro de avisos, foram vistos em Ouagadougou, no Burkina Faso (Aguayo et al., 2003). Tudo isto pode ter influenciado as opções de alimentação dos bebés e crianças pequenas.

Informações sobre a utilização de leite em pó para bebés

O artigo 4.º do Código recomenda que "os materiais informativos e educativos, quer escritos, sonoros ou visuais, que tratem da alimentação de lactentes e que se destinem a mulheres grávidas e mães de lactentes e crianças pequenas, contendo informações sobre a utilização de fórmulas para lactentes, não devem utilizar quaisquer imagens ou textos que possam idealizar a utilização de substitutos do leite materno" (OMS, 1981). Além disso,

O artigo 9 do Código estabelece que "nem o recipiente nem o rótulo devem ter imagens de bebés, nem devem ter outras imagens ou textos que possam idealizar a utilização de fórmulas para lactentes" (OMS, 1981). Pelo contrário, numa unidade de saúde do Togo foi encontrado um calendário com mães, os seus bebés e ursos de peluche com o nome da marca. Folhetos com o nome da marca e folhetos sobre as vantagens dos cereais lácteos também foram encontrados no Burkina Faso (Barennes et al., 2008b). Verificou-se que estes canais promocionais continham informações ou imagens que idealizavam a alimentação artificial, violando assim o Código.

Etiquetagem

Vários estudos referiram também uma rotulagem inadequada, violando assim o Código. Em primeiro lugar, na China, na década de 1980, foi noticiado que a fórmula infantil da marca Bear tinha um logótipo de uma mãe ursa a alimentar a sua cria com um biberão enorme. Depois de ter sido comunicado o impacto enganador do rótulo da marca Bear, este foi ligeiramente alterado para uma mãe ursa com uma cria ao colo, e não numa posição de amamentação (Barennes et al., 2009, Barennes et al., 2012a). Muitas mães podem ter optado mais por dar leite em pó do que amamentar os seus bebés. Tanto no Burkina Faso como no Togo, havia imagens e textos que idealizavam o uso de BMS nos rótulos (Aguayo et al., 2003). A língua tailandesa estava presente nos rótulos das fórmulas infantis em alguns pontos de distribuição na China. Esta não era uma língua apropriada na China (Barennes et al., 2012a, OMS, 1981). Tudo isto poderia induzir em erro as mães, que poderiam pensar que a alimentação artificial é melhor do que a amamentação.

Amostras de produtos de leite materno e presentes

No artigo 5.º, o Código recomenda que "os fabricantes e distribuidores não devem fornecer, direta ou indiretamente, a mulheres grávidas, mães ou membros das suas famílias, amostras de produtos abrangidos pelo âmbito de aplicação do Código" (OMS, 1981). Os fabricantes de substitutos do leite materno violam o Código ao darem amostras de produtos às mães, numa tentativa de promover os seus produtos. Também dão amostras aos profissionais de saúde para os encorajar a promover os seus produtos junto das mães. Foram documentadas ofertas de fórmulas às mães e aos profissionais de saúde em Dhaka, Durban, Banguecoque e Varsóvia (Taylor, 1998). Além disso, 9% e 13% dos profissionais de saúde receberam amostras de substitutos do leite materno no Togo e no Burkina Faso, respetivamente (Aguayo et al., 2003). O Código recomenda que tais amostras só devem ser dadas para efeitos de investigação e avaliação profissional (OMS, 1981).

O artigo 5.º também estabelece que "os fabricantes e distribuidores não devem distribuir a mulheres grávidas ou mães de bebés e crianças pequenas quaisquer ofertas de artigos ou utensílios que possam promover a utilização de substitutos do leite materno ou a amamentação com biberão" (OMS, 1981). No entanto, na China, foram registados 5,1% e 15,4% de ofertas a mães e profissionais de saúde por parte de representantes de vendas de empresas que comercializam SMC (Barennes et al., 2012a). Liu e colaboradores também relataram que 40,2% das mães receberam presentes de representantes de vendas de fabricantes de SC na China (Liu et al., 2014). Do mesmo modo, 7,3% e 2,4% dos enfermeiros em Genebra também receberam presentes e patrocínios, respetivamente (Brady e Pauline, 2012). Numa série de estudos, as ofertas aos profissionais de saúde assumiram por vezes a forma de patrocínio de empresas farmacêuticas para participarem em conferências. No Paquistão, 12% dos profissionais de saúde (Mendoza, 2011) e num estudo realizado na Índia, China e África do Sul, 2,4% dos profissionais de saúde receberam patrocínio para formação (Brady e Pauline, 2012). Foram também oferecidas subvenções especiais por uma empresa de fabrico de fórmulas para lactentes na China para inovações em matéria de nutrição, água e desenvolvimento rural (Barennes et al., 2012a).

Os representantes de vendas normalmente levavam os presentes para a unidade de saúde, farmácia ou lojas, como foi relatado na China (Barennes et al., 2012a). Os lojistas 28%, seguidos dos enfermeiros 17% e das mães 7% receberam presentes, por esta ordem (Barennes et al., 2012a). Exemplos de presentes recebidos incluem: canetas 26%, t-shirts 16%, caixas de comida, marcadores, fitas métricas, estetoscópios obstétricos e blocos de notas. Os brindes tinham o nome da marca do fabricante do SCB (Aguayo et al., 2003). Outros são materiais de informação e educação encontrados no Togo (9%) e no Burkina Faso (19%) (Aguayo et al., 2003), piscinas infantis e trotinetas (Barennes et al., 2012a).

Vendas a baixo preço e doações a unidades de saúde e mães

De acordo com o artigo 6.º do Código, "os donativos ou as vendas a baixo preço de fórmulas para lactentes ou outros produtos abrangidos pelo âmbito de aplicação do Código só devem ser distribuídos a bebés que tenham de ser alimentados com substitutos do leite materno. Tais donativos ou vendas a baixo preço não devem ser utilizados pelos fabricantes ou distribuidores como incentivo às vendas" (OMS, 1981). Além disso, a WHA de 1994 "reitera os apelos anteriores para acabar com os fornecimentos gratuitos ou de baixo custo e alarga a proibição a todas as partes do sistema de saúde" (WHA, 1994). No entanto, um estudo efectuado por Aguayo e colaboradores mostrou que 9% dos estabelecimentos de saúde recebiam donativos no Togo e 16% no Burkina Faso (Aguayo et al., 2003). Além disso, foram registadas vendas associadas (vendas a baixo preço) no Togo e no Burkina Faso. Estes donativos e vendas a baixo preço podem ter influenciado negativamente o aleitamento materno, pondo assim em risco a vida de bebés e crianças pequenas.

Contacto direto com as mães

O artigo 5.º do Código estabelece que "o pessoal de marketing, na sua capacidade comercial, não deve procurar contacto direto ou indireto de qualquer tipo com mulheres grávidas ou com mães de bebés e crianças pequenas". Contrariamente a isto, 42% dos lojistas, seguidos de 17% dos enfermeiros e 11% das mães, foram contactados por um representante de vendas no Laos (Barennes et al., 2012a). Durante o contacto com o representante de vendas no Laos, os lojistas 21% receberam mais informações, seguidos dos enfermeiros 16% e das mães 10% (Barennes et al., 2012a). Os profissionais de saúde foram contactados na unidade de saúde, enquanto os comerciantes foram recebidos nas lojas (Barennes et al., 2012a). Foi através destes contactos que os profissionais de saúde receberam presentes e lhes foi pedido que aconselhassem as mães sobre a administração de BMS a bebés e crianças pequenas (Barennes et al., 2012a).

Declaração sobre a superioridade do aleitamento materno e uma advertência sobre os riscos para a saúde nos rótulos

No artigo 9.º afirma-se que os rótulos dos BMS devem conter "uma declaração sobre a superioridade do aleitamento materno" e "um aviso sobre os perigos para a saúde de uma preparação inadequada" (OMS, 1981). Há registo de alguns fabricantes que evitaram isto. Por exemplo, a informação sobre a amamentação não estava escrita nos rótulos em 22,7% das amostras num estudo realizado na China (Barennes et al., 2012a).

Produtos impróprios para bebés e crianças pequenas.

No artigo 9.º, o Código recomenda que "os produtos inadequados para a alimentação de lactentes e crianças jovens não devem conter alegadas instruções sobre a forma de os modificar para esse fim" (OMS, 1981). Pelo contrário, um estudo realizado na China revelou que o creme de café da marca Bear mostrava um urso a amamentar a sua cria num rótulo. Cerca de 46% acreditavam que o produto era formulado para alimentar bebés ou para substituir o leite materno. Entretanto, 18% das mães afirmaram ter utilizado o creme de café para alimentar os seus bebés, o que levou a que várias crianças desenvolvessem kwashiorkor (Barennes et al., 2008b). O logótipo em desenho animado influenciou a perceção que as pessoas tinham do produto. Tratava-se de uma mensagem não-verbal, que implicava que o produto se destinava a bebés. Isto era enganador para a população local e colocava a saúde dos bebés em risco (Barennes et al., 2008b).

Composição e qualidade dos produtos lácteos

No artigo 9.º do Código, afirma-se que "o rótulo dos produtos alimentares abrangidos pelo âmbito de aplicação do presente Código deve também indicar todos os ingredientes utilizados, a composição/análise do produto, as condições de conservação e a data antes da qual o produto deve ser consumido". Entretanto, no artigo 10.º do Código, afirma-se que "a qualidade dos produtos é um elemento essencial para a proteção da saúde dos lactentes e, por conseguinte, deve ser de elevado padrão reconhecido. Os produtos alimentares abrangidos pelo âmbito deste Código devem, quando vendidos ou distribuídos de outra forma, cumprir as normas aplicáveis recomendadas pela Comissão do Codex Alimentarius e também o Código de Práticas Higiénicas para Alimentos para Lactentes e Crianças de Tenra Idade do Codex.

As violações do Código assumem por vezes dimensões criminais, quando são comercializados substitutos do leite materno de baixa qualidade, fora de prazo ou adulterados. Numa incidência, na Nigéria (2001), recipientes de leite desnatado fora de prazo foram mantidos por um fabricante como um dos ingredientes do BMS. Esta incidência foi trazida à luz pela Agência Nacional para a Administração e Controlo de Alimentos e Medicamentos (NAFDAC). Foi relatado que, se os recipientes não tivessem sido descobertos, teriam sido usados para fabricar BMS e mais tarde vendidos ao público (Sokol et al., 2007). Noutro caso, um homem estava a misturar farinha de mandioca, leite e açúcar, embalando-os depois em recipientes reciclados de substitutos do leite materno em Abuja, na Nigéria. O homem confessou que estava a fazer isso há anos e o caso estava no tribunal da Nigéria (Sokol et al., 2007). Não se sabe ao certo o número de crianças que morreram devido a estes incidentes.

Entretanto, num escândalo do leite chinês de 2008 (um incidente de segurança alimentar), que envolveu leite e fórmulas para lactentes, bem como outros materiais e componentes alimentares, adulterados com melamina, 300 000 crianças ficaram doentes. Destas, 54 000 foram hospitalizadas e 6 morreram devido a pedras nos rins e outras lesões renais. A melamina foi adicionada para que o leite parecesse ter um teor mais elevado de proteínas. Os avisos sobre a mesma adulteração começaram em 2005 e 2006 (Branigan, 2008).

Estudos na China revelaram ainda que a fórmula infantil expirada é frequentemente vendida a mães e cuidadores desavisados. Barennes (2012) relatou que cerca de 4,6% das fórmulas infantis amostradas na China durante um estudo na República Popular da China estavam fora do prazo de validade (Barennes et al., 2012a).

1.2.2 Influência dos distribuidores

Num estudo realizado na China, 52% dos proprietários de lojas promoveram o BMS às mães (Barennes et al., 2012a). Este facto é contrário ao Código que proíbe a influência indevida dos distribuidores (e também dos fabricantes) na utilização de substitutos do leite materno junto das mães.

1.2.3 Influência dos profissionais de saúde

Os profissionais de saúde são motivados a promover os SCM normalmente depois de receberem incentivos dos fabricantes. Um estudo efectuado na China mostrou que 72% dos profissionais de saúde foram convidados a promover os substitutos do leite materno. No Togo e no Burkina Faso, os profissionais de saúde promoveram os SCM junto das mães em 52% e 17%, respetivamente (Barennes et al., 2008b). Num outro estudo realizado no Laos, 26,5% das mães foram aconselhadas pelos profissionais de saúde a darem SCM aos seus bebés (Barennes et al., 2012a) e os médicos foram os que mais recomendaram SCM, 89%, seguidos pelos enfermeiros, 65%, e, por último, os proprietários de lojas, 52% (Barennes et al., 2012a). Os profissionais de saúde têm particularmente a obrigação de apoiar, proteger e promover o aleitamento materno (Artigo 7.1) e não devem aceitar presentes de fabricantes ou distribuidores (Artigo 7.3) (OMS, 1981). Além disso, no Artigo 4 do Código, "As autoridades de saúde devem tomar as medidas apropriadas para encorajar e proteger o aleitamento materno e promover os princípios deste Código" e, portanto, "devem dar informações e conselhos apropriados aos profissionais de saúde em relação às suas responsabilidades" (OMS, 1981).

1.2.4 Influência da comunidade

Um dos resultados do marketing direto ao público em geral é a divulgação da informação adquirida na comunidade, como se verificou no Togo e no Burkina Faso (17%), bem como no Laos (50%), em que as mães foram aconselhadas a usar SGL por membros da família e parentes. Além disso, cerca de um quarto das mães entrevistadas no Laos recomendaram substitutos do leite materno a outras pessoas (Aguayo et al., 2003, Barennes et al., 2008b, Barennes et al., 2012a).

1.2.5 Factores subjacentes que afectam as mães

Conhecimento do código

No artigo 6.º, afirma-se que "as autoridades sanitárias devem fornecer informações e conselhos adequados aos profissionais de saúde no que respeita às suas responsabilidades, incluindo a informação". A consciencialização dos profissionais de saúde sobre o ICMBMS e o seu papel na sobrevivência infantil é fundamental para reduzir a sua violação pelos fabricantes e distribuidores. No entanto, estudos mostram altos níveis de conhecimento inadequado entre os profissionais de saúde. Na Ásia, 70% dos profissionais de saúde no Paquistão não conheciam as suas próprias leis sobre aleitamento materno e 80% não conheciam o Código (UNICEF, 2009). Dois estudos semelhantes realizados em 2003 produziram resultados semelhantes. Em primeiro lugar, 85% e 40% dos profissionais de saúde nunca tinham ouvido falar do Código no Togo e no Burkina Faso, respetivamente (Waterston et al., 2003).

Em segundo lugar, nos mesmos países, coletivamente, Aguayo e colaboradores relataram que 90% dos profissionais de saúde indicaram que nunca tinham ouvido falar do Código (Aguayo et al., 2003). Entretanto, um estudo semelhante, cinco anos mais tarde, revelou que 85% e 74% dos profissionais de saúde no Togo e no Burkina Faso, respetivamente, nunca tinham ouvido falar do Código (Barennes et al., 2008b). Para além disso, 87% dos enfermeiros em Genebra indicaram que também nunca tinham ouvido falar do Código (Brady e Pauline, 2012). O conhecimento inadequado do código entre os profissionais de saúde pode ser uma vantagem para os fabricantes que promovem os seus produtos nas unidades de cuidados de saúde, violando assim o Código.

Factores que levam as mães a optar por substitutos do leite materno

Apesar de o Código enfatizar a superioridade do aleitamento materno (OMS, 1981), os estudos documentaram vários factores que tornam as mães vulneráveis a dar aos bebés substitutos do leite materno. Estes factores eram a alimentação de substituição, doenças graves da mãe, para que a criança ganhasse peso, crescimento mais rápido da criança. As mães também acreditavam que o leite materno de substituição continha muitas vitaminas (Hoddinott P, 2008, Barennes et al., 2012a). Em dois estudos separados realizados na China, 86% e 35% das mães afirmaram ter tido uma produção de leite insuficiente (Tang et al., 2014, Barennes et al., 2012a), enquanto outras deram BMS aos bebés porque tiveram de regressar ao trabalho (Tang et al., 2014, Barennes et al., 2012a).

1.2.6 Incumprimento do Código na Zâmbia

A literatura disponível na Zâmbia revelou que existe pouca informação sobre o incumprimento do Código. Os estudos efectuados na Zâmbia concentraram-se principalmente na amamentação. Para esclarecer os factores associados ao incumprimento do Código e/ou do SI n.º 48 de 2006 das Leis da Zâmbia pelos fabricantes e distribuidores, foi realizado um estudo. 48 de 2006 das Leis da Zâmbia pelos fabricantes e distribuidores, foi efectuado um estudo em Kalingalinga (uma zona de densidade média) e Chelstone (uma zona de baixa densidade).

CAPÍTULO 2
FOCO DA INVESTIGAÇÃO

2.1 Declaração do problema

O Código Internacional de Comercialização de Substitutos do Leite Materno protege, promove e apoia a saúde do bebé, especialmente nos primeiros seis meses de vida. O incumprimento do código é um desafio importante devido à comercialização pouco ética de substitutos do leite materno. Estes substitutos são frequentemente apresentados como aceitáveis, preferíveis e mais convenientes para alimentar as crianças do que o aleitamento materno. De acordo com Sokol e colegas (2007), as violações do Código põem em perigo a vida das crianças nos países em desenvolvimento, como a Zâmbia, através do aumento de doenças causadas por infecções e malnutrição. Nestes países, a diarreia e as infecções do trato respiratório são as causas mais comuns de desnutrição, morbilidade e mortalidade das crianças que tomam BMS. Os bebés que não são amamentados têm seis vezes mais probabilidades de morrer de doenças infecciosas durante os primeiros dois meses de vida do que os bebés que são amamentados devido às propriedades nutricionais e imunológicas presentes no leite (Sokol et al., 2007, UNICEF, 2009). Outros riscos incluem taxas elevadas de leucemia em crianças mais velhas, níveis elevados de colesterol, hipertensão e diabetes mellitus tipo 2 (UNICEF, 2009).

As mães também enfrentam vários riscos se a amamentação não for respeitada quando dão substitutos do leite materno aos bebés. Estes riscos podem incluir hemorragias prolongadas após o parto, que podem levar a hemorragias e, eventualmente, a anemia. A mãe pode não ganhar o seu peso normal após o parto e pode engravidar mais cedo do que uma mulher que esteja a amamentar. Uma mãe que dê outros alimentos, como os substitutos comerciais do leite materno, também pode ter cancro do ovário e da mama (MOH, 2008).

2.2 Justificação/significado

O incumprimento do ICMBMS e/ou do SI n.º 48 de 2006 das Leis da Zâmbia por parte dos fabricantes e distribuidores em Kalingalinga e Chelstone deve-se à não adesão aos artigos individuais do código e/ou aos regulamentos do SI n.º 48 de 2006 das Leis da Zâmbia utilizados como critério. Muitas vezes, os fabricantes e distribuidores apresentam-se às mães e aos profissionais de saúde como parceiros na luta pela proteção e melhoria da saúde infantil. Na realidade, as empresas existem para aumentar o valor dos accionistas através do aumento do lucro, procurando assim vender a maior quantidade possível do seu produto. Para isso, precisam de persuadir os pais a alimentarem-se com fórmulas em vez de amamentarem ou a usarem a sua marca de alimentos. Foram determinados os factores associados ao não cumprimento do Código em Kalingalinga e Chelstone.

A informação gerada por este estudo ajudará os funcionários responsáveis pela programação a melhorar o cumprimento do Código de Comercialização de Substitutos do Leite Materno a nível ministerial, provincial, distrital, das unidades de saúde e da comunidade. As evidências do estudo também fornecerão a base para o desenvolvimento da capacidade dos profissionais de saúde para influenciar o governo, os fabricantes e distribuidores, bem como as mães, no sentido de apoiarem, promoverem e protegerem o aleitamento materno, aumentando assim o cumprimento do código.

2.3 Questões de investigação

- Que factores estão associados ao não cumprimento do Código de Comercialização de substitutos do leite materno e/ou do SI no. 48 de 2006 das Leis da Zâmbia em Kalingalinga e Chelstone?
- Que factores influenciam as mães a optar por substitutos do leite materno em Kalingalinga e Chelstone?

2.4 Objetivo geral

Determinar os factores associados ao não cumprimento do Código Internacional de Comercialização de Substitutos do Leite Materno e/ou do SI número 48 de 2006 das Leis da Zâmbia por parte dos fabricantes e distribuidores, em Kalingalinga e Chelstone, Lusaca, Zâmbia.

2.4.1 Objectivos específicos

- Determinar o grau de incumprimento do ICMBMS e/ou do SI n.º 48 de 2006 das Leis da Zâmbia por parte dos fabricantes e distribuidores em Kalingalinga e Chelstone.
- Determinar os factores associados ao incumprimento do Código e/ou do SI n.º. 48 de 2006 das Leis da Zâmbia pelos fabricantes e distribuidores em Kalingalinga e Chelstone.
- Determinar os factores que influenciam as mães a optarem pela SCV em Kalingalinga e Chelstone

CAPÍTULO 3
METODOLOGIA
3.1 Cenário e população da investigação
O estudo foi efectuado em Kalingalinga e Chelstone. Kalinga tinha uma população total de 82.130 habitantes, dos quais 8.069 eram mulheres em idade fértil e 3.285 eram mães de crianças com menos de um (1) ano (CSO, 2015). Chelstone, por outro lado, tinha uma população total de 113 647 habitantes, dos quais 25 002 eram mulheres em idade fértil e 4 549 eram mães de crianças com menos de um (1) ano (CSO, 2015). Kalinga tinha 140 profissionais de saúde, enquanto Chelstone tinha 154 profissionais de saúde. Tanto em Kalinga como em Chelstone, os pontos de venda comuns de substitutos do leite materno eram lojas de retalho e farmácias. Estas áreas residenciais foram escolhidas porque se colocou a hipótese de o incumprimento do Código e/ou do SI n.º 48 de 2006 das Leis da Zâmbia ser mais prevalente nos dois locais. Além disso, foram escolhidas para representar áreas residenciais de média e baixa densidade com rendimentos semelhantes, uma vez que reflectiam de perto os padrões de vida urbanos da maioria dos zambianos. Além disso, considerou-se que as mulheres das zonas rurais tinham muito mais probabilidades de amamentar e de não utilizar a BMS (Barennes H et al., 2012). Foi realizado um pré-teste nas instalações de saúde de Mtendere e Chipata para testar os instrumentos de recolha de dados e os colectores de dados. As duas áreas de captação também estavam sob a alçada do Gabinete Comunitário de Saúde do Distrito e tinham um ambiente semelhante ao de Kalingalinga e Chelstone.

3.2 Conceção do estudo
Este estudo utilizou um método misto conhecido como triangulação simultânea. Este desenho de estudo baseia-se na utilização de métodos de recolha de dados complementares, envolvendo abordagens quantitativas e qualitativas, tal como recomendado por Silverman (Silverman, 2013). A componente quantitativa utilizou um inquérito no qual foram realizadas entrevistas com proprietários de lojas, profissionais de saúde e mães. Os dados qualitativos foram gerados a partir de Discussões de Grupos Focais (FGDs) com mães de crianças com menos de seis meses que forneceram narrativas das suas experiências. A triangulação foi assegurada na fase de discussão (Liamputtong e Ezzy, 2005). A triangulação emprega fontes múltiplas e variadas de dados, métodos e teorias para corroborar as evidências (Creswell et al., 2003). Neste estudo, a triangulação apoiou a validação dos dados (Grbich, 1998). Este estudo aplicou uma estratégia simultânea em que os dados foram gerados e corroborados no mesmo estudo (Creswell et al., 2003). Esta conceção compensou a fraqueza inerente aos métodos quantitativos ou qualitativos (Creswell et al., 2003). Proporcionou uma oportunidade para as mães expressarem os seus pontos de vista sobre as suas experiências no seu ambiente social e cultural.

3.3 Quantitativo
3.3.1 Processo de amostragem
Os dados foram recolhidos junto dos fabricantes e distribuidores da comunidade em condições de anonimato. Ou seja, os nomes dos fabricantes e distribuidores não foram mencionados. Também foram recolhidos junto dos profissionais de saúde e das mães captadas nas duas unidades de saúde. Estes também foram desidentificados. Isto significa que os seus nomes não foram registados. Uma vez que o estudo incidia sobre o incumprimento do ICMBMS e/ou do SI n.º 48 de 2006 das Leis da Zâmbia, todos os fabricantes, distribuidores e profissionais de saúde nas áreas de captação de Kalinga e Chelstone eram elegíveis para o estudo. Os participantes que eram elegíveis mas pertenciam a outras áreas de captação foram excluídos. Além disso, todas as mães (que trouxeram os seus filhos com menos de 6 meses para os serviços de saúde) pertencentes às zonas de captação de Kalinga e Chelstone também eram elegíveis para se inscreverem no estudo. As mães com crianças com menos de 6 meses foram escolhidas porque era fácil determinar se estavam a amamentar exclusivamente ou a dar um substituto do leite materno.

Participaram no estudo quantitativo fabricantes, distribuidores, profissionais de saúde e mães (com crianças com menos de 6 meses). Os fabricantes foram avaliados a partir dos seus produtos nas lojas, bem como das suas actividades nas lojas, na comunidade e na unidade de saúde. Os distribuidores foram avaliados a partir das suas actividades nas lojas. Entretanto, os profissionais de saúde e as mães foram contactados nas unidades de saúde. Os profissionais de saúde foram contactados quando chegavam ao trabalho. As mães foram encontradas no Departamento de Saúde Materno-Infantil (MCH) quando vinham para consultas pós-natais e clínicas para menores de cinco anos. Uma amostra representativa total de 364 inquiridos participou no estudo. Destes, 182 eram de Kalingalinga e 182 de Chelstone. Em cada local foram entrevistadas 107 mães e 4 profissionais de saúde. As duas amostras acima referidas baseiam-se numa amostragem proporcional ao tamanho. Para além disso, 40 lojas e 31 fabricantes de substitutos do leite materno foram incluídos no estudo. O tamanho da amostra para as lojas foi derivado das médias da literatura de estudos semelhantes (Aguayo et al., 2003, Barennes et al., 2012a), enquanto o tamanho da amostra para os substitutos do leite materno dos fabricantes foi obtido através da inscrição de todos os substitutos do leite materno disponíveis nas duas áreas de captação. O tamanho da amostra foi igual para os dois locais porque as populações dos dois locais não eram significativamente diferentes. O tamanho da amostra destinava-se a detetar diferenças nas proporções relativas ao não cumprimento do código entre Kalingalinga e Chelstone a partir de um resultado categórico. Foi calculado utilizando o software Stata da seguinte forma:

Dimensão estimada da amostra para comparação de proporções entre duas amostras

Teste Ho: pl =p2, em que pl é a proporção na população 1

P2 é a proporção na população 2

Pressupostos:

    alfa=0 ,0500 (bilateral)

    potência = 0,8000

        pl=0 ,7500

        p2=0.6000

        n2/n1=1 ,00

Desistências = 10% (33)

Estimativa das dimensões das amostras necessárias: nl = 165

    n2   =165

    Total = 330 +33=363, arredondado para 364

3.3.2 Recolha de dados

Duas equipas, uma em Kalingalinga e a outra em Chelstone, recolheram dados entre setembro e novembro de 2015. Cada equipa tinha o investigador principal (IP) e quatro membros da equipa. O IP certificou-se de que a recolha de dados era de qualidade. Todos os membros da equipa participaram num workshop de orientação de um dia para padronizar a recolha de dados. Quatro membros de cada equipa eram profissionais de saúde baseados em cada unidade de saúde, enquanto o investigador principal era da Universidade da Zâmbia. As equipas trabalharam até à conclusão da recolha de dados (1 mês). Houve reuniões diárias de manhã e à tarde com o IP para garantir a exaustividade dos questionários e a qualidade da recolha de dados.

Para a recolha de dados, foram utilizados os instrumentos de monitorização padrão da IBFAN (SIM), que são também os formulários de monitorização previstos no SI n.º 48 de 2006 das Leis da Zâmbia. O formulário SIM1 foi utilizado para entrevistar as mães que vieram para o pós-parto ou que trouxeram os seus filhos à clínica para menores de cinco anos das áreas de captação de Kalingalinga e Chelstone. Estas mães, que eram elegíveis e deram o seu consentimento para participar, foram entrevistadas para recolher dados sobre o incumprimento por parte dos fabricantes e distribuidores. O formulário 2 do SIM foi utilizado para entrevistar os distribuidores nas áreas de captação de Kalingalinga e Chelstone. Os que deram o seu consentimento foram entrevistados para recolher dados sobre o incumprimento dos distribuidores. Também foi utilizado o formulário 3 do SIM para avaliar os estabelecimentos de saúde. Os estabelecimentos de saúde foram avaliados quanto ao incumprimento por parte dos fabricantes. Para o efeito, verificou-se a existência de materiais promocionais de substitutos do leite materno. Para além disso, foi utilizado o formulário 4 do SIM para avaliar os rótulos infractores e verificar o incumprimento por parte dos fabricantes. Outros formulários utilizados foram o formulário 6 do SIM para entrevistar profissionais de saúde e o formulário 5 do SIM para listar e analisar anúncios sobre fórmulas para lactentes. Ambos foram utilizados para avaliar o incumprimento dos fabricantes. Os profissionais de saúde foram entrevistados com base na sua disponibilidade à medida que iam trabalhando. O controlo de qualidade da recolha de dados foi efectuado através da monitorização diária de cada questionário para verificar se a informação registada estava completa. Houve reuniões diárias de manhã e à noite entre o Investigador Principal e os Assistentes de Investigação durante o período de recolha de dados nas comunidades. Todos os assistentes de investigação passaram por uma formação de um dia para uniformizar a recolha de dados. Todas as entrevistas foram confidenciais.

3.3.3   Processamento e análise de dados

Isto foi efectuado com referência aos artigos e regulamentos do ICMBMS do SI n.º 48 de 2006 das Leis da Zâmbia. 48 de 2006 das Leis da Zâmbia. Estes foram utilizados como variáveis explicativas do incumprimento. Os dados foram introduzidos, tabulados e analisados utilizando o software Stata versão 14.

Variáveis descritivas contínuas

Foram calculados a prevalência e o intervalo de confiança de 95%. Estas foram as únicas estatísticas descritivas calculadas, uma vez que o conjunto de dados tinha resultados categóricos e produziu apenas frequências.

Associação

Tal como referido anteriormente, as variáveis independentes relativas aos fabricantes e distribuidores em Kalingalinga e Chelstone foram adaptadas dos artigos do Código e/ou dos regulamentos SI n.º 48. A variável dependente foi o incumprimento (sim/não). Os pormenores são apresentados no quadro 1 abaixo. Para efeitos do presente estudo, os fabricantes e distribuidores tinham de cumprir pelo menos três (3) das seis variáveis em estudo. Foi calculado o qui-quadrado de Pearson para verificar a associação entre o incumprimento do Código e/ou do SI n.º 48 das Leis da Zâmbia e as variáveis independentes. Foi também efectuada uma regressão logística univariada e multivariada para verificar a força da associação e identificar os factores que estavam independentemente associados ao incumprimento dos artigos do código e/ou dos regulamentos do SI n.º 48 de 2006 das Leis da Zâmbia.

Tabela 1: Factores associados ao não cumprimento do Código e/ou SI n.º 48 por parte dos fabricantes e distribuidores 48 pelos fabricantes e distribuidores tabela dummy

Variáveis	Indicador	Estatísticas	
	Reacções negativas ao cumprimento	Prevalência	
	com os artigos do Código e/ou SI no. 48	(IC95%)	
	de 2006 das Leis da Zâmbia	Chi2 (P<0,001)	
	regulamentos	OR (IC95%)	

Variável dependente

Incumprimento do Código e/ou da SI n.o 48 de Sim Não 2006 das Leis da Zâmbia (Categórica)

Variáveis independentes

Fabricantes

Amostras gratuitas para profissionais de saúde e mães	Sim	Não
Ofertas gratuitas aos profissionais de saúde e às mães	Sim	Não
BMS indicando a utilização de biberão	Sim	Não
BMS com fotografias/desenhos representando o bebé	Sim	Não
Rótulos BMS semelhantes a	Sim	Não
BMS idealiza a utilização do produto	Sim	Não
A BMS fez publicidade às mães	Sim	Não
A BMS é promovida por um representante da empresa que contacta as mães	Sim	Não
Distribuidores		
Promoção do BMS expirado	Sim	Não

Mostrar produtos inadequados perto de BMS	Sim	Não
A BMS distingue-se	Sim	Não
Representante da empresa a contactar as mães nas lojas	Sim	Não
Permitir a publicidade nos pontos de venda	Sim	Não

SI: Statutory Instrument (Instrumento Estatutário); BMS: Breast Milk Substitutes (substitutos do leite materno); OR: Odds Ratio (razão de probabilidade)

3.4 Qualitativo

3.4.1 Processo de amostragem

Uma amostra intencional de 71 mães de crianças com menos de 6 meses participou nas discussões dos grupos de discussão (FGDs) em Kalingalinga e Chelstone. Esta amostra era composta por mães que tinham filhos com menos de 6 meses e que pertenciam às áreas de captação de Kalinga e Chelstone e que estavam dispostas a partilhar as suas opiniões. As mães que não pertenciam a estas duas áreas de captação foram excluídas do estudo. Uma média de nove mães participou nas discussões dos grupos de discussão. As discussões dos grupos de centragem foram realizadas para obter informações sobre os factores que influenciam as mães a optar por substitutos do leite materno. Houve um total de 8 discussões de grupo de foco. A Tabela 2 apresenta os pormenores.

Quadro 2: Discussões em grupo

Sítio	Discussões de grupos de foco (FGDs)				
Kalingalinga					
Data	28/10/15	29/10/15	02/11/1 5	03/11/15	TOTAL FGDs
Local do evento	YMCA	MCH	MCH	MCH	
Número*	8	8	8	8	4
Chelstone					

Data	14/10/1 5	15/10/15	21/10/1 5	22/10/15	TOTAL FGDs
Local do evento	MCH	CBTO	MCH	MCH	
Número*	9	10	10	10	4
TOTAL GERAL DE FGDS					8

*Número de mães de crianças com menos de 6 meses de idade, FGDs: Discussões de grupos de foco

3.4.2 Recolha de dados

Para a recolha de dados, foi utilizado um guia de discussão do grupo de foco. Outros instrumentos de recolha de dados incluíram: um formulário de registo de notas e uma cassete áudio. O primeiro local onde os dados foram recolhidos foi Chelstone. As discussões dos grupos de discussão foram escolhidas para revelar processos sociais moldados coletivamente (Denzin e Lincoln, 1998). Foram realizadas oito discussões de grupo de foco, durante as quais foi atingida a saturação teórica após a realização de quatro discussões de grupo de foco em cada local.

Cada grupo de discussão foi conduzido por dois moderadores e foi gravado digitalmente. Um moderador conduziu a discussão e assegurou-se de que todos os tópicos eram abordados no guião da entrevista. Um anotador ajudou na gravação digital e escrita, o que ajudou a determinar os temas emergentes. Cada grupo de discussão teve uma duração média de uma hora.

As discussões dos grupos de centragem foram realizadas nas unidades de saúde e na comunidade. Em Chelstone, as discussões foram realizadas no departamento de Saúde Materno-Infantil (SMI), numa sala. Era o local mais propício no momento. Entretanto, em Kalinga, as discussões dos grupos de centragem foram realizadas no gabinete do nutricionista. Uma das discussões dos grupos de centragem em Chelstone foi realizada na comunidade, numa sala da Organização Comunitária de Tuberculose (OBC). Em Kalingalinga, a discussão dos grupos de centragem realizada na comunidade teve lugar num local distante das outras mães, no ponto de monitorização e promoção do crescimento do YMCA. Este era também o local mais propício na altura. Foi assegurada a confidencialidade dos participantes. O nível de participação foi gerido recordando constantemente às mães que a informação que estavam a fornecer era da maior importância para a nação e, por isso, foram instadas a participar ativamente. Foi assegurada a educação das mães nos casos em que havia ignorância.

1.1.3 Processamento e análise de dados

Todos os dados das entrevistas foram registados digitalmente, transcritos na íntegra e posteriormente traduzidos. Os dados foram depois organizados utilizando o software NVIVO. Os temas organizados foram analisados para se chegar a temas principais e subtemas.

A fim de se familiarizar com os dados recolhidos, foi efectuada uma análise geral dos mesmos. Isto foi feito através da leitura e releitura das transcrições, assegurando assim uma visão mais profunda dos dados. Seguiu-se a codificação. A codificação foi efectuada utilizando o software NVIVO. Um código é uma palavra, uma frase ou uma expressão que representa aspectos de um dado ou capta a essência ou as características de um dado (Miles et al., 2013). Durante a codificação, os códigos foram associados a segmentos de texto/declarações de informadores seleccionados como representativos do código (Ritchie et al., 2003). O significado original do que foi comunicado pelos informantes foi mantido.

A procura de temas entre os códigos foi o nível seguinte. Em primeiro lugar, procedeu-se à categorização. Isto envolveu o agrupamento dos segmentos de código em subtemas com base na semelhança de conteúdo. Isto foi feito com o objetivo de reduzir o número de dados diferentes na análise. Por conseguinte, os códigos semelhantes foram agrupados para formar categorias.

Os temas principais foram desenvolvidos através da interpretação das categorias para o seu significado subjacente. Os temas foram o nível mais elevado de categorização utilizado para identificar um elemento principal de toda a análise dos dados. Um tema é, portanto, o resultado da codificação, categorização e reflexão analítica (Miles etal.,2013).

3.5   Considerações éticas

O Conselho de Investigação Institucional (IRB) convergente da Excellence of Research Ethics and Science (ERES) aprovou o estudo (ref. No. 2015-June-028). Além disso, obtivemos autorização do Gabinete de Saúde do Distrito de Lusaca para realizar a investigação nas unidades de saúde de Kalingalinga e Chelstone.

3.5.1 Respeito pelas pessoas e confidencialidade

Foi entregue a todos os participantes um formulário de consentimento escrito. O formulário de consentimento tinha uma folha de informação anexa. A obtenção do consentimento foi importante neste estudo para tratar os participantes de forma justa, respeitando o direito básico dos participantes à autonomia, bem como para encorajar a participação ativa (Levy et al., 2003).

As mães que participaram no grupo de discussão pediram autorização para utilizar o gravador e para escrever o que estava a ser discutido. Foi assegurado às participantes que toda a informação que dessem seria confidencial e que permaneceriam anónimas. Na análise e redação da tese, não foram utilizados nomes. Para manter a privacidade, todos os dados electrónicos do computador foram guardados num computador protegido por palavra-passe, com acesso restrito ao investigador (estudante do MPH).

Durante a recolha de dados, as mães, os profissionais de saúde, os fabricantes e os distribuidores não foram identificados. As entrevistas também foram realizadas numa sala privada nas unidades de saúde e num local afastado de outras mães da comunidade durante as sessões de monitorização e promoção do crescimento com base na comunidade (CBGMP) e de imunização.

3.5.2 Beneficência

Foi assegurado aos inquiridos que não lhes seria causado qualquer dano e que não existiam riscos decorrentes do estudo, para além da probabilidade de partilharem informações confidenciais ou pessoais por acaso. Estes riscos foram evitados garantindo aos participantes que todas as informações da entrevista seriam mantidas confidenciais. Também foi dado aos participantes o direito de se retirarem da entrevista ou da discussão do grupo de discussão ou de não falarem sobre assuntos com os quais não se sentissem confortáveis. Para eliminar as barreiras sociais que as mães poderiam ter antecipado, os investigadores também tentaram ser tão amigáveis quanto possível. Em termos de benefícios, as mães tiveram conhecimentos e oportunidades adicionais sobre alimentação de bebés e crianças pequenas. Os investigadores encarregaram-se de dar formação às mães sempre que necessário, no final de cada entrevista. Não houve benefícios directos para os participantes, mas a sua participação contribuiu para o conhecimento científico.

1.1.4 Justiça

Todos os inquiridos foram informados sobre a forma como foram seleccionados. Também lhes foi dada informação sobre o seu direito de abandonar o estudo em qualquer altura e de apresentar as suas queixas à autoridade e mesmo ao investigador.

3.6   Divulgação dos resultados

Os resultados serão divulgados ao gabinete de saúde do distrito de Lusaka do Ministério da Saúde e às duas unidades de saúde (Kalingalinga e Chelstone) onde o estudo foi efectuado.

CAPÍTULO 4
RESULTADOS

4.1 Características de base

Foram seleccionados dois municípios urbanos, Kalingalinga e Chelstone. Estas localidades representavam rendimentos médios em Lusaka, na Zâmbia. As lojas em Kalingalinga incluíam 38 pontos de venda a retalho, um grossista e uma farmácia. Em Chelstone, as lojas incluíam 39 pontos de venda a retalho e um grossista. Um número total de 31 substitutos do leite materno com rótulos foi incluído nas observações em cada local. Tratava-se de três cereais lácteos, 13 marcas de leite em pó e 15 outros substitutos do leite materno (tetinas, mordedores e biberões). Os oito profissionais de saúde que participaram no estudo tinham antecedentes profissionais variados. Tanto em Kalinga como em Chelstone, foi recrutado um profissional de saúde de cada uma das seguintes categorias: enfermeiros gerais, parteiras e funcionários clínicos. Em Kalinga foi também recrutado um tecnólogo em saúde ambiental, enquanto em Chelstone foi recrutado um nutricionista. Quatro dos 140 (3%) e 154 (3%) profissionais de saúde foram recrutados em Kalinga e Chelstone, respetivamente.

Tanto em Kalinga como em Chelstone foram recrutadas 107 mães. As mães com emprego formal em Chelstone eram 13 (12%), sendo mais elevadas do que em Kalinga 11 (10%). As mães que introduziram substitutos do leite materno nas crianças com menos de seis meses de idade eram 35 (33%) em Chelstone, mais do que em Kalinga 31 (29%). A maioria das crianças 17 (16%) com menos de seis meses de idade foram introduzidas na fórmula em Kalinga. Esta proporção foi mais elevada do que em Chelstone 16 (15%). Outras crianças foram introduzidas no leite de cereais em Chelstone 12 (11%), mais do que em Kalinga 6 (6%). Algumas crianças também foram introduzidas a outros substitutos do leite materno em Chelstone 12 (11%), mais do que em Kalingalinga. Estes incluíam papas de milho, nshima, e supa maheu, leite fresco e azedo. A mistura de mães na amostra pode ter sido afetada pelo facto de todas as entrevistas terem sido conduzidas em unidades de saúde onde a maioria das mães veio para serviços pós-natais. O número total de inquiridos foi de 364 (182 para cada local).

Quadro 3: Características de base dos participantes no estudo

Características	Kalingalinga		Chelstone	
	n=182	%	n=182	%
Substitutos do leite materno dos fabricantes	**31**	**17.03**	**31**	**17.03**
Leite Cereais	3	1.65	3	1.65
Fórmula	13	7.14	13	7.14
Others	15	8.24	15	8.24
Distribuidores	**40**	**21.98**	**40**	**21.98**

Lojas	38	20.88	39	21.43
Farmácias	1	0.55	0	0
Venda por grosso	1	0.55	1	0.55
Trabalhadores do sector da saúde	**4**	**2.20**	**4**	**2.20**
Enfermeiro geral	1	0.55	1	0.55
Esposa do meio	1	0.55	1	0.55
Responsável clínico	1	0.55	1	0.55
Tecnólogo em saúde ambiental	1	0.55	0	0
Nutricionista	0	0	1	0.55
Mães de crianças com menos de 1 ano	**107**	**58.79**	**107**	**58.79**
Emprego formal	11	10	13	12
Introdução de crianças na BMS	31	29	35	33
<6 meses	31	29	35	33
Aos 6 meses	1	1	2	3
Cereais de leite	6	6	12	11

<6 meses	6	6	12	11
Aos 6 meses	0	0	0	0
Fórmula	17	16	16	15
<6 meses	17	16	16	15
Aos 6 meses	0	0	0	0
Outros b	10	5.49	14	7.69
<6 meses	9	4.94	12	6.59
Aos 6 meses	1	0.55	2	1.10

ᵃTetinas, mordedores e biberões;ᵇ Papas de milho, nshima, supa maheu, leite fresco ou azedo; BMS: substitutos do leite materno, *p-valor* é o *valor* p do qui-quadrado

4.2 Prevalência do incumprimento

A prevalência global de não-conformidade por parte dos fabricantes em Kalingalinga e Chelstone foi de 21% (95%C: 12%-33%). Os fabricantes foram informados de que tinham fotografias nos seus produtos que idealizavam a utilização de substitutos do leite materno ou a representação gráfica de um bebé. Os substitutos do leite materno também tinham mensagens que idealizavam o seu uso, indicavam o uso de um biberão e as marcas de fórmulas infantis assemelhavam-se a fórmulas de seguimento. Esta proporção foi maior em Chelstone 23% (IC95%: 10%-41%) e menor em Kalingalinga 19% (IC95%: 7%-37%). No entanto, não houve diferença significativa na prevalência de não conformidade dos fabricantes entre Kalinga e Chelstone (p=0,76). Entretanto, a prevalência global de incumprimento por parte dos distribuidores foi de 13% (IC 95%: 6%-22%). Foi também mais elevada em Chelstone, 15% (IC 95%: 6%-30%) do que em Kalinga, 10% (IC 95%: 3%-24%). Também não se registou uma diferença significativa na prevalência de incumprimento por parte dos distribuidores entre Kalinga e Chelstone (p=0,50). Os distribuidores que não cumpriram as normas foram referidos como tendo separado os substitutos do leite materno, exibindo produtos inadequados perto de marcas de substitutos do leite materno, permitindo a publicidade nos pontos de venda e promovendo substitutos do leite materno fora do prazo de validade (Figuras 1 e 2).

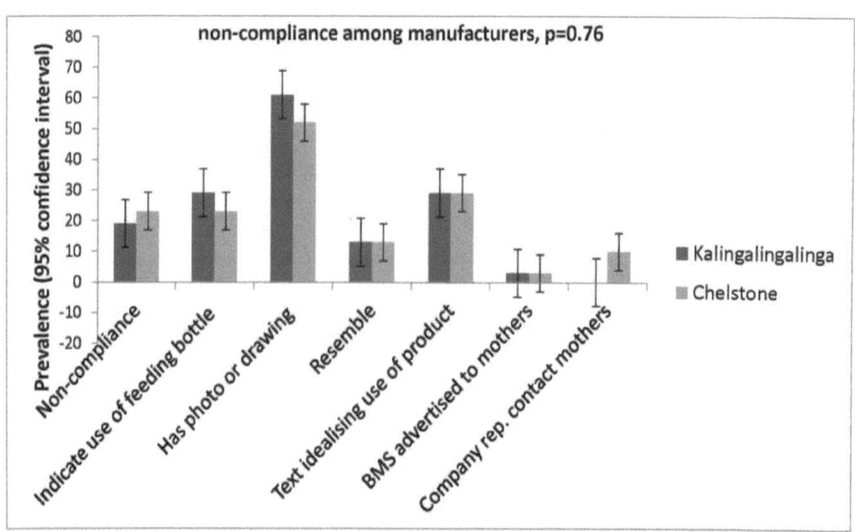

Figura 1 Prevalência do incumprimento por parte dos fabricantes em Kalingalinga e Chelstone

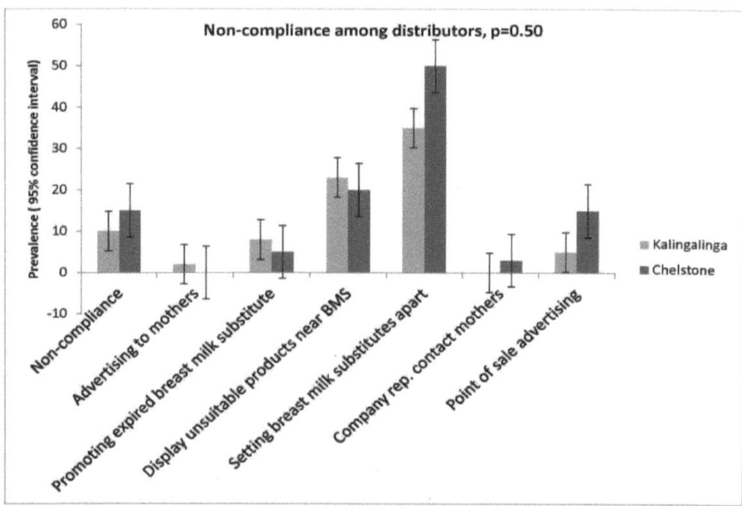

Figura 2 Prevalência do incumprimento por parte dos distribuidores em Kalingalinga e Chelstone

4.3 Relação entre as características dos antecedentes e o incumprimento

Indicar o uso de biberão, ter fotografias/desenhos representando um bebé no rótulo e rótulos de fórmulas infantis semelhantes a fórmulas de seguimento foram associados ao incumprimento por parte dos fabricantes em Kalinga ($p=0,001$, 0,003, 0,030 e 0,038), bem como em Chelstone ($p<0,0001$, 0,001, 0,004 e 0,007), respetivamente. Entretanto, a promoção de produtos fora de prazo, a exposição de produtos inadequados e a publicidade no ponto de venda foram significativamente associadas ao incumprimento por parte dos distribuidores em Kalingalinga ($p<0,0001$, 0,008 e <0,0001), bem como em Chelslone (/?=0,001, 0,002 e <0,0001), respetivamente (quadro 4).

Quadro 4: Associação entre incumprimento e características dos fabricantes e distribuidores

Variável	Kalingalinga			Chelstone		
	n (%) Compl	n (%) Ncompl	valor de p*	n (%) Compl	n (%) Ncompl	valor de p*
Fabricantes BMS indicando a utilização de biberão	4(44.44)	5(55.56)	0.001	2(28.57)	5(71.43)	<0.0001
BMS com fotografias	13(68.42)	6(31.58)	0.030	9(56.25)	7(43.75)	0.004
Rótulos BMS semelhantes a	1(25.00)	3(75.00)	0.003	1(25.00)	3(75.00)	0.007
BMS idealiza a utilização do produto	6(66.67)	3(33.33)	0.208	6(66.67)	3(33.33)	0.360
A BMS fez publicidade a	0(0.00)	1(100.0)	0.038	0(0.00)	1(100.00)	0.060
mães BMS promovido por um representante da empresa que contacta as mães	0(0.00)	0(0.00)	0.00	0(0.00)	3(100.00)	0.001
Distribuidores que promovem produtos expirados	0(0.00)	3(100.0)	<0.0001	0(0.00)	2(100.00)	0.001

Mostrar produtos inadequados perto de marcas de BMS	6(66.67)	3(33.33)	0.008	4(50.00)	4(50.00)	0.002
A BMS distingue-se	12(85.71)	6(14.29)	0.507	16(80.00)	4(20.00)	0.376
Representante da empresa que contacta as mães	1(100.00)	0(0.00)	0.736	0(0.00)	1(100.00)	0.016
Publicidade no ponto de venda	0(0.00)	2(100.0)	<0.0001	2(33.33)	4(66.67)	<0.0001

*Valor p: valor p de chi2

4.4 Preditores de incumprimento

A Tabela 6 apresenta uma análise univariada e multivariada. A análise univariada foi realizada com o objetivo de determinar a força de associação entre a não adesão e as variáveis independentes. Mostrou que a indicação do uso de biberões nos rótulos (OR 23,89; IC95% 5,08 a 112,25) e os rótulos de produtos de leite materno semelhantes (OR 20,14; IC95% 37 a 120,22) estavam significativamente associados ao incumprimento do Código e/ou do SI n.º 48 de 2006 das Leis da Zâmbia entre os consumidores. 48 de 2006 das Leis da Zâmbia entre os fabricantes. Por outro lado, a exposição de produtos inadequados perto de marcas de substitutos do leite materno (OR 14; IC95% 3,10 a 63,32), bem como a publicidade nos pontos de venda (OR 51; IC95% 7,69 a 338,10) foram significativamente associadas ao incumprimento por parte dos distribuidores. Todas as variáveis foram ajustadas na análise de regressão logística múltipla para obter as estimativas ajustadas no modelo mais eficiente que exclui factores de confusão.

As variáveis significativas e não significativas a < 0,05 foram inseridas por meio de regressão logística ponderada. Após o controle de todos os outros fatores, a indicação do uso de mamadeira nos rótulos dos substitutos do leite materno (AOR 14,86; IC95% 2,32 a 95,13) ainda estava significativamente associada à não adesão dos fabricantes. Já a semelhança dos rótulos dos substitutos do leite materno (AOR 8,45; IC95% 0,93 a 76,46) não foi significativa. Além disso, a exposição de produtos inadequados perto de marcas de substitutos do leite materno (AOR 16,29; IC95% 1,32 a 201,64) e a publicidade nos pontos de venda (AOR 92,25; IC95% 6,37 a 1335,52) continuaram a estar significativamente associadas ao incumprimento do Código e/ou do SI n.º 48 de 2006 das Leis da Zâmbia entre os distribuidores, depois de controlados todos os outros factores.

Quadro 5: Preditores de não conformidade entre fabricantes e distribuidores

Variáveis	Univariada		Multivariada	
	OR(IC95%)	valor de p	AOR(IC95%)	valor de p
Fabricantes Amostras gratuitas para profissionais de saúde e mães	0.00	0.00	0.00	0.00
Ofertas gratuitas aos profissionais de saúde e às mães	0.00	0.00	0.00	0.00
BMS indicando a utilização de biberão	23.89(5.08,112.25)	<0.0001	14.86(2.32,95.13)	0.004
BMS com fotografias/desenhos representando um bebé	1.00	1.00	1.00	1.00
Rótulos BMS semelhantes a	20.14(3.37,120.22)	0.001	8.45(0.93,76.46)	0.058

BMS idealiza a utilização do produto	2.64(0.72,9.41)	0.134	1.00	1.00
A BMS fez publicidade a	1.00	1.00	1.00	1.00
mães BMS promovido por um representante da empresa que contacta as mães	1.00	1.00	1.00	1.00
Distribuidores Promoção do BMS expirado	1.00	1.00	1.00	1.00
Mostrar produtos inadequados perto de marcas de BMS	14(3.10,63.32)	0.001	16.29(1.32,201.64)	0.030
A BMS distingue-se	2.25(0.58,8.70)	0.240	1.86(0.13,26.04)	0.646
Representante da empresa que contacta as mães	7.67(0.44,134.54)	0.162	1.00	1.00

Publicidade no ponto de venda	51(7.69,338.10)	<0.0001	92.25(6.37,1335.52)	0.001

OR: Odds Ratio, AOR: Odds Ratio Ajustado, BMS: Substitutos do Leite Materno

No modelo mais adequado (final) (Quadro 7), a investigação revelou que os factores de previsão do não cumprimento do Código e/ou do SI n.º 48 de 2006 das Leis da Zâmbia entre os fabricantes eram a indicação da utilização de biberões nos rótulos dos substitutos do leite materno e a semelhança dos rótulos dos substitutos do leite materno. Assim, os fabricantes que indicavam a utilização de biberões nos seus rótulos e os que tinham rótulos de substitutos do leite materno semelhantes tinham maiores probabilidades de não cumprir.

Por outro lado, foi revelado que os distribuidores que expunham produtos inadequados perto de marcas de substitutos do leite materno e permitiam a publicidade nos pontos de venda também aumentaram as hipóteses de não cumprirem o Código e/ou o SI n.º 48 de 2006 das Leis da Zâmbia.

Quadro 6: Modelo mais adequado

Variáveis	Ajustado ou (95%ci)	Valor de p
Fabricantes		
BMS indicando a utilização de biberão	22.23(3.79,130.55)	0.001
Rótulos BMS semelhantes a	17.99(1.88,172.47)	0.012
Distribuidores		
Mostrar um produto inadequado próximo das marcas da BMS	21.91(2.27,21 1.82)	0.008
Publicidade no ponto de venda	79.68(6.23,1019.19)	0.001

BMS: substituto do leite materno

CAPÍTULO 5
CONCLUSÕES

5.1 Características sócio-demográficas dos participantes

Todas as participantes na parte qualitativa do estudo eram mães de crianças com menos de seis meses que trouxeram os seus filhos à clínica para menores de cinco anos ou vieram para os serviços pós-natais. Estas mães pertenciam às áreas de captação de Kalingalinga e Chelstone. As que não pertenciam a estas duas áreas de captação foram excluídas.

5.2 Síntese dos resultados dos debates dos grupos de reflexão

As discussões dos grupos de centragem permitiram obter informações sobre os conhecimentos das mães acerca da amamentação. Também se verificou o conhecimento das mães sobre os riscos de dar aos bebés e crianças pequenas substitutos do leite materno, bem como o conhecimento das mães sobre o Código e/ou SI n.º 48 de 2006 das Leis da Zâmbia. Além disso, as discussões dos grupos de centragem permitiram obter informações sobre os factores que levam as mães a optar por substitutos do leite materno, bem como sobre as fontes de influência.

Quadro 7: Factores associados ao incumprimento do Código e/ou da SI n.º 48 pelos fabricantes e distribuidores 48 pelos fabricantes e distribuidores

Temas principais	Subtemas	
	Kalingalinga	Chelstone
Conhecimento	Conhecimentos sobre o aleitamento materno Conhecimentos sobre os riscos de dar aos bebés substitutos do leite materno Conhecimentos sobre o Código	Conhecimentos sobre o aleitamento materno Conhecimentos sobre os riscos de dar aos bebés substitutos do leite materno Conhecimentos sobre o Código
Factores subjacentes que levam as mães a optar por substitutos do leite materno	Perceção de baixa produção de leite Mãe ocupada Modéstia pessoal Saúde precária da mãe Benefícios percebidos do BMS	Perceção de baixa produção de leite Mãe ocupada Modéstia pessoal Saúde precária da mãe Benefícios percebidos da BMS Modo de parto Crenças tradicionais Nível de vida Outros
Influências	Da comunidade Dos fabricantes *Anúncios Etiquetas Vendas a baixo preço Ofertas e amostras gratuitas Cartazes Lojas de pintura*	Da comunidade Dos profissionais de saúde Dos fabricantes *Anúncios Etiquetas Vendas a baixo preço Ofertas e amostras gratuitas*
	Dos distribuidores *Exposições especiais*	Dos distribuidores *Expositores especiais Conselhos aos lojistas*

5.3 Conhecimento

Conhecimentos sobre o aleitamento materno

A maioria das mães em Kalingalinga e Chelstone tinha conhecimentos sobre amamentação. Foram capazes de referir que o leite materno tem todos os nutrientes, previne doenças e promove a criação de laços. Indicaram que o leite materno é melhor do que o leite artificial.

> *O leite materno é mais nutritivo do que o leite em pó. Tem mais proteínas e vitaminas (Inquirido n.º 2 FGD002 Kalingalinga).*
>
> *As crianças não ficam doentes facilmente quando são amamentadas exclusivamente dos 0 aos 6 meses, com água, leite em pó ou papas (Respondido no 5 FGD003 Chelstone)*

Conhecimentos sobre os riscos de dar substitutos do leite materno (SML)

A maioria das mães em Kalingalinga e Chelstone também estava informada sobre os riscos de dar substitutos do leite materno a bebés e crianças pequenas. Disseram que podem existir marcas falsas e substitutos do leite materno fora de prazo. Para além disso, disseram que o BMS pode causar doenças e que pode haver ingredientes artificiais, que são químicos nocivos, no BMS. Duas mães disseram o seguinte.

> *Começámos a dar cereais lácteos ao meu terceiro bebé, a criança tinha diarreia e o aumento de peso não era o esperado (Mãe de um bebé de 6 semanas FGD002 Kalinga).*
>
> *Os substitutos do leite materno têm químicos, enquanto o leite materno não tem químicos (Inquirido n.º 2 FGD004 Chelstone)*

As *mães* de Chelstone acrescentaram ainda que, com a disponibilidade da BMS, poderia haver a tentação de a dar a crianças com menos de seis meses. Afirmaram ainda que as crianças poderiam ter problemas de indigestão e de adaptação e que as BMS são caras. No entanto, também argumentaram que, apesar de a BMS não poder ser comparada ao leite materno, não faz mal quando não há leite materno.

> *Os substitutos do leite materno não são bons. ... Não é bom comparado com o leite materno, mas quando não há leite materno, os substitutos do leite materno são bons (Inquirido n.º 3 FGD 004 Chelstone)*

Conhecimento do Código

Todas as mães em Kalingalinga e Chelstone não conheciam o Código e/ou o SI no. 48 de 2006 das Leis da Zâmbia. Ao tomarem conhecimento do Código, algumas mães perguntaram-se o que deveriam fazer quando os fabricantes as abordavam diretamente.

> *Não sabemos que, por lei, não é suposto sermos contactados pelos fabricantes de BMS (Inquirido 4 FGD 001 Chelstone).*
>
> *Se os fabricantes vierem diretamente até nós, o que devemos fazer? (Respondido no 12º FGD 002 Kalinga)*

5.4   Factores subjacentes que levam as mães a optar por substitutos do leite materno

Foi pedido às mães que explicassem por que razão optam por dar substitutos do leite materno aos bebés com menos de seis meses. Cinco factores eram comuns tanto em Kalinga como em Chelstone, enquanto quatro deles surgiram apenas em Chelstone. A Figura 3 apresenta os pormenores.

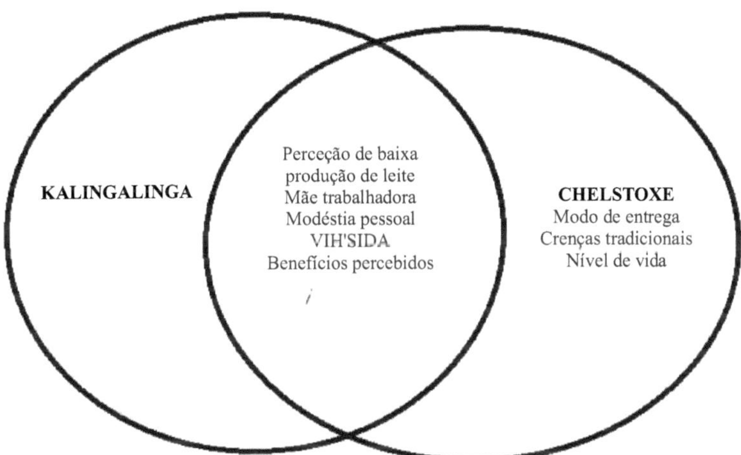

Figura 3: Factores subjacentes que levam as mães a optar por substitutos do leite materno

5.4.1 Percebida Baixa produção de leite
Criança a chorar de fome

A maior parte das mães afirma que, à medida que a criança cresce, o leite pode não ser suficiente. Elas acreditam que o leite do peito não é suficiente para satisfazer a criança, sobretudo por volta dos 2 a 3 meses. Nessa altura, a criança é vista a chorar de fome, sobretudo as crianças que choram muito.

> *O leite materno não é suficiente por volta dos 2 a 3 meses (Inquirido n.º 2 FGD 002 Kalinga)*
> *O meu bebé começou a comer papas aos 5 meses, a criança estava a chorar, talvez o leite não fosse suficiente, por isso demos papas (mãe de uma criança de 6 meses, DGF 002 Chelstone).*

Ausência de leite na primeira semana após o parto

A maioria das mães acredita que não tem leite suficiente na primeira semana após o parto. A maior parte delas confessou ter comprado leite em pó ou dado glucose nessa primeira semana por receio de que a criança ficasse com fome, tendo depois parado quando o fornecimento de leite da mama melhorou, variando entre um dia e uma semana.

> *Quando acabei de dar à luz não saía leite nos primeiros 3 dias, comprei leite em pó e dei à criança durante um dia (mãe de um bebé de 3 meses FGD002 Kalinga)*
> *Durante 3 dias o leite não saía, por isso comprei leite e dei à criança... (mãe de um bebé de 2 meses FGD001 Chelstone).*

5.4.2 Mãe trabalhadora

Algumas mães trabalhadoras optam pelo BMS, em vez do leite materno saudável, que consideram não sair em grandes quantidades e, por conseguinte, não ser suficiente para todo o dia. Por isso, preferem deixar o biberão para a criança.

> *Outras vão trabalhar, o leite extraído não é suficiente (Inquirido n.º 1 DGF 002 Kalinga)*
> *Em termos de saúde, dar biberão não é bom... Mas eu trabalho e deixo o biberão, o que é que posso fazer (mãe de um bebé de 3 meses FGD003 Chelstone)*

As mães de Chelstone lamentam a falta de leis sobre a licença de maternidade, que as protejam de licenças de maternidade não pagas. Se uma mãe não tiver dois anos de trabalho, não é suposto engravidar e, se o fizer, não terá outra alternativa senão deixar a criança no biberão.

> *O meu filho começou a tomar fórmulas aos 2 meses por ter tido uma licença curta (mãe de um bebé de 4 meses FGD002 Chelstone).*

5.4.3 Modéstia pessoal

Algumas mães preferem o pudor pessoal ao aleitamento materno. Preferem dar um biberão com medo de que os seus seios caiam ou que percam peso em detrimento da saúde da criança. As mães influenciam-se umas às outras na comunidade dizendo que se pode perder peso se se amamentar.

> *Outras sentem-se preguiçosas para amamentar (Inquirido n.º 4 FGD 004 Kalingalinga)*
> *Outras não querem amamentar e preferem comprar substitutos do leite materno por receio de que os seios caiam (Inquirido 7 FGD004 Chelstone)*

5.4.4 VIH/SIDA e morte de uma mãe

A maioria das mães em Kalingalinga e Chelstone ainda acreditava que as mães seropositivas não deviam amamentar e que, em vez disso, colocavam os seus filhos em alimentação de substituição, dando-lhes substitutos do leite materno. A morte da mãe também foi citada como uma das razões para dar BMS às crianças.

> *No caso de mães positivas, podem dar BMS (Inquirido n.º 2 DGF 003 Kalinalinga)*
> *Quando uma mãe morre, a criança recebe leite em pó, quando não há nenhuma ama de leite (Inquirido n.º 7 FGD 003 Chelstone).*

5.4.5 Benefícios percebidos
Para que a criança ganhe peso

Acredita-se que dar substitutos do leite materno a bebés e crianças pequenas aumenta o ganho de peso das crianças. As mães acreditam que dar BMS, que se acredita ser o original do Shoprite, aos seus filhos os fará ganhar peso.

> *Outros dizem que se a criança não estiver a ganhar peso, dão BMS (Inquirido n.º 5 DGF 002 Kalinga)*
> *Os amigos aconselham que o leite do Shoprite é original. Se comprar lá e alimentar a criança, ela ganha peso (Mãe de um bebé de uma semana, DGF 001 Chelstone).*

Abrir os intestinos

Os intestinos das crianças com menos de seis meses abrem-se gradualmente com o tempo, à medida que a criança é amamentada. No entanto, algumas mães em Chelstone acreditam que dar BMS ajuda a abrir os intestinos dos bebés.

> *Uma criança nasce com os intestinos pequenos, os amigos aconselharam-me a dar papas*
> *para abrir os intestinos (mãe de um bebé de 6 semanas FGD 001 Chelstone).*

5.4.6 Modo de entrega

Algumas mães em Chelstone disseram que deram biberão quando tiveram uma cesariana, acrescentando que, durante esse período, não tinham energia para amamentar, que também era doloroso e que não produziam leite. Quando recuperaram, deixaram de dar leite em pó.

> *Dei o biberão quando não tinha leite, porque só bebia água depois de uma cesariana...*
> *Dei leite em pó ao bebé durante 2 semanas (mãe de um bebé de 3 meses FGD003*
> *Chelstone).*

5.4.7 Crenças tradicionais

Algumas mães em Chelstone disseram que não podiam amamentar em público, mas que preferiam dar um biberão. Isto porque receiam que os seus filhos fiquem doentes se os amamentarem juntamente com crianças a quem foram feitos alguns rituais medicinais (icibele em Bemba).

> *Há uma crença de "icibele" para algumas pessoas que não amamentam em público, por isso,*
> *quando viajam longas distâncias, preferem dar um biberão (mãe de um bebé de 6 meses*
> *FGD004 Chelstone).*

O leite materno é o melhor alimento para os bebés, mesmo quando a mãe está fora de casa. O leite materno pode ser extraído e deixado para a criança em casa para evitar dar substitutos do leite materno aos bebés. No entanto, existem muitos mitos e ideias erradas sobre o leite materno extraído. Algumas mães em Chelstone acreditam que o leite materno extraído endurece e a criança defeca sangue.

> *A vizinha disse-me que o leite extraído endurece e a criança defeca sangue (mãe de um bebé*
> *de 4 meses FGD004 Chelstone).*

5.4.8 Nível de vida

Mães com muito dinheiro

Algumas mães em Chelstone disseram que as mães com muito dinheiro têm tendência para comprar e dar aos seus filhos substitutos do leite materno. Estas são as mães que normalmente estão ocupadas. São as da classe trabalhadora. Além disso, as mães compram BMS para se exibirem.

> *Algumas mães têm muito dinheiro, por isso podem comprar substitutos do leite materno*
> *(Inquirido n.º 9 FGD003 Chelstone).*

5.4.9 Outros

Informações inadequadas sobre o armazenamento do leite materno extraído

Nas unidades de saúde, as mães aprendem que podem amamentar a toda a hora, mesmo quando estão fora de casa. Isto só pode ser conseguido extraindo o leite materno e deixando-o para o bebé se alimentar quando a mãe está fora. Algumas mães em Chelstone, no entanto, indicaram que não tinham informação adequada sobre como armazenar o leite materno extraído.

> *Não há informação suficiente por parte do sector da saúde sobre como conservar o leite*
> *materno extraído, pelo que a mãe não sabe como conservar o leite materno (Inquirido 8*
> *FGD003 Chelstone).*

Criança que se recusa a mamar

Algumas mães afirmam que algumas crianças se recusam a mamar, deixando a mãe sem outra opção que não seja dar ao bebé um substituto do leite materno. No entanto, esta é uma ocorrência rara e acontece normalmente com crianças que já fizeram um ano.

> *Algumas crianças recusam a amamentação e preferem o biberão (Inquirido 5 FGD003*
> *Chelstone)*

5.5 Fontes de influência para a utilização de substitutos do leite materno (SML)

As mães indicaram que sofrem muitas influências que as podem levar a optar por substitutos do leite materno. Seis fontes de influência foram comuns entre Kalingalinga e Chelstone. Entretanto, em cada um dos locais, as mães citaram duas fontes diferentes de influências para a utilização de BMS. Os pormenores são apresentados na figura 4.

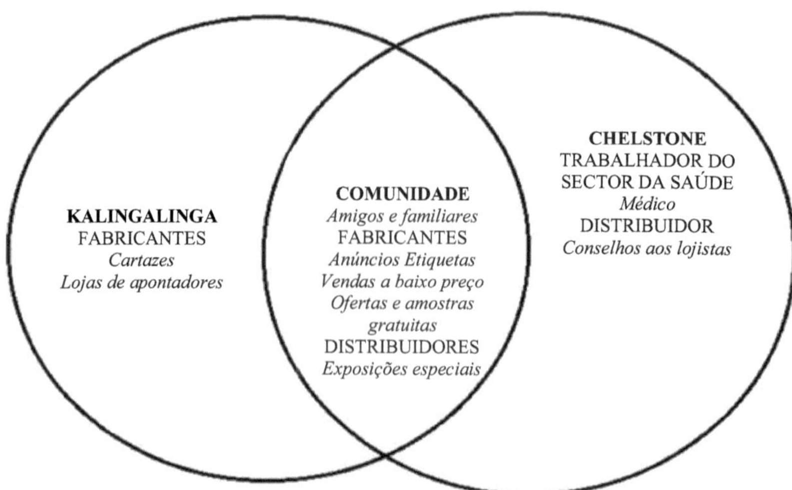

Figura 4: Fontes de influência para as mães darem substitutos do leite materno aos bebés

5.5.1 Influências da comunidade

Amigos e familiares

A maioria das mães disse que há muita partilha sobre a Alimentação de Lactentes e Crianças Pequenas entre elas, especialmente se tiverem utilizado o produto com sucesso. Acrescentaram ainda que raramente são influenciadas pelos profissionais de saúde.

> *Nós próprias, como mães, compramos por nossa conta, talvez por causa do luxo, por isso compramos nós próprias os BMS. Na clínica nunca há um médico (Inquirido n.º 4 FGD001 Kalingalinga).*
>
> *Utilizei a fórmula 2 e a fórmula 3, aprendi com amigas e outras mulheres (mãe de um bebé de 2 meses, Chelstone)*

Ao verem os filhos de outras pessoas a engordar ou simplesmente ao verem os filhos de outras pessoas a comerem uma marca de papas, as mães são influenciadas a dar substitutos do leite materno aos seus filhos. As mães usaram 'ulunkumbwa', uma palavra que significa admirar o que as outras mulheres estão a dar de comer aos seus filhos na língua zambiana Bemba.

> *A influência vem de entre nós, mulheres do complexo, especialmente "ulunkumbwa" entre nós, mulheres (Inquirido n.º 5 FGD 004 Kalingalinga)*

As mães disseram que partilham através das redes sociais (what's up e face book). Disseram ainda que partilham quando se visitam umas às outras em casa. Acrescentaram que aprendem umas com as outras no trabalho, na clínica, na igreja, na torneira pública, no mercado e na vizinhança, quando conversam.

> *Partilhamos utilizando as redes sociais, o what's up, o livro de rosto, o fórum azimayi para mulheres maduras (Inquirido n.º 13 FGD 002 Kalingalinga)*
>
> *Conversar com outras mulheres sobre a alimentação das crianças no trabalho, na igreja, em festas na cozinha, em casamentos e no autocarro (Inquirido n.º 3 FGD 003 Chelstone).*

Uma mãe não é deixada sozinha, está sempre rodeada de familiares, que podem dar todo o tipo de conselhos, tais como dar um substituto do leite materno que elas próprias já experimentaram. A maioria das mães disse que foi aconselhada por familiares a dar uma marca de BMS.

> *Principalmente influências de amigos e familiares que utilizaram o produto com sucesso (Respondido no 6 FGD 002 Kalingalinga).*
>
> *A cunhada disse-me que estava a usar a fórmula 3 porque o seu sabor é semelhante ao do leite materno. Ao contrário da fórmula 1, que até se pode juntar ao chá (inquirido 1 FGD003 Chelstone).*

5.5.2 Influências dos profissionais de saúde
Conselhos dos profissionais de saúde
De acordo com o Código, os profissionais de saúde devem proteger, promover e apoiar o aleitamento materno.
Pelo contrário, foi relatado que um profissional de saúde em Chelstone estava a aconselhar as mães sobre o tipo de substituto do leite materno a dar ao bebé.

> *Fui aconselhada a usar a fórmula3 por um médico" (Mãe trabalhadora e mãe de um bebé de 5 meses FGD 004 Chelstone)*

A maioria das mães em Kalingalinga e Chelstone disse que os profissionais de saúde também as aconselham a dar BMS às crianças quando as mães têm uma doença que o bebé pode contrair, como o VIH/SIDA, ou qualquer outra doença que impeça a mãe de amamentar, como o cancro da mama. Outros disseram que as mães que fizeram uma cesariana também foram aconselhadas a dar substitutos do leite materno.

> *mães com VIH/SIDA. Dizem-lhes que devem amamentar exclusivamente durante 6 meses e depois parar. Também podem amamentar até 1 ano e 6 meses... (Respondente 3 FGD003 Chelstone).*

> *Se a mãe tiver uma cesariana (Inquirido 3 FGD000 Chelstone)*

5.5.3 Influências dos fabricantes
Anúncios
As mães de Kalingalinga disseram que havia anúncios nos meios de comunicação electrónicos e em campo aberto sobre uma conhecida marca de cereais lácteos, contrários ao código e/ou ao SI n.º 48 de 2006 das leis da Zâmbia. 48 de 2006 da legislação da Zâmbia.

> *Há anúncios na televisão com um bebé gordo a gatinhar... (Inquirido n.º 1 FGD004 Kalingalinga).*

> *Eles vêm para o terreno com um grande veículo com danças a fazer publicidade a um cereal de leite (Inquirido n.º 3 FGD003 Kalingalinga).*

Em Chelstone, no entanto, a maioria das mães disse que os anúncios, tanto nos meios de comunicação electrónicos como em campo aberto, se referiam a uma marca conhecida de leite normal que algumas mães confessaram ter dado aos bebés.

> *Há anúncios que utilizam um veículo grande, dançam, dão t-shirts e saquetas. O que anunciam é o leite normal de uma marca conhecida, mas quando as mães não têm leite acabam por dar o mesmo leite aos bebés (Inquirido n.º 1 FGD001 Chelstone).*

> *Vi um leite em pó normal a ser anunciado na televisão em todos os canais sobre comida para bebés, dizendo: para bebés saudáveis, bebés fortes e que engordam (Inquirido n.º 4 FGD 002 Chelstone).*

Etiquetas
A maioria das mães em Kalingalinga disse que os rótulos têm cores chamativas e sedutoras. Outras acrescentaram que os rótulos têm uma imagem de uma criança a gatinhar ou uma imagem de papas preparadas de forma suave, o que é contrário ao Código e/ou ao SI n.º 48 de 2006 das Leis da Zâmbia.

> *As cores são vistosas e sedutoras (Inquirido n.º 7 FGD002 Kalingalinga)*

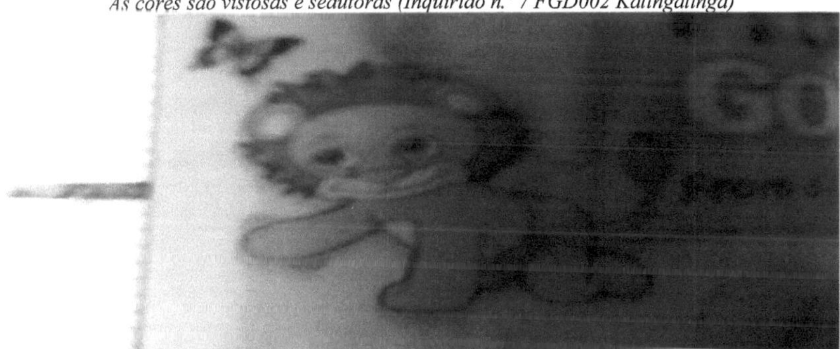

Figura 5: Rótulo com imagem idealizando a alimentação do bebé

Entretanto, uma mãe em Chelstone disse que os fabricantes colocam um novo visual nos contentores para que as mães pensem que é melhor. Os fabricantes fazem-no alterando os rótulos ou colocando um rótulo adicional que realça o novo aspeto.

Novo aspeto dos contentores para que as mães possam pensar que é melhor (mãe de um bebé de 6 semanas FGD004 Chelstone)

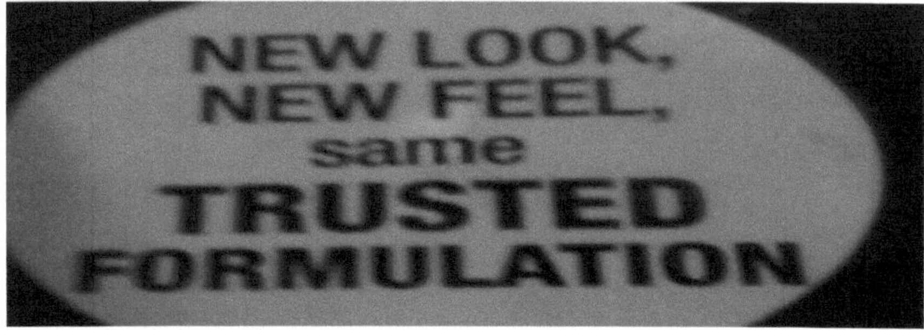

Figura 6: Etiqueta que indica o novo aspeto do contentor

A maioria das mães em Kalingalinga relatou que a mensagem de amamentação não era clara em alguns rótulos de substitutos do leite materno, incluindo a data de validade. Não são claramente visíveis, a menos que se verifique com atenção.

> *A mensagem sobre o aleitamento materno não é apelativa. Não está em letras grandes, a não ser que se verifique especialmente a fórmula1 e a fórmula2 (Inquirido n.º 10 FGD002 Kalingalinga)*

Vendas a baixo preço

Em Kalingalinga, as mães relataram vendas casadas em supermercados próximos. Foi-lhes dito que comprassem dois e recebessem um substituto do leite materno gratuitamente, o que contraria o Código e/ou o SI n.º 48 de 2006 das Leis da Zâmbia. 48 de 2006 das Leis da Zâmbia. Do mesmo modo, em Chelstone, as mães referiram promoções nas lojas sob a forma de redução de preços.

> *Dizem "compre dois e leve um grátis" nos supermercados mais próximos (Inquirido n.º 3 FGD002 Kalinga)*
>
> *Há promoções nas lojas, reduzindo os preços (Inquirido n.º 4 FGD 004 Chelstone)*

Ofertas gratuitas

Algumas mães referiram que os fabricantes ofereciam t-shirts à medida que chegavam ao terreno para promover a sua marca de cereais lácteos. Além disso, algumas mães referiram que um distribuidor prometia t-shirts para promover um cereal de leite.

> *Eles distribuem sobretudo t-shirts e glicerina, vêm com um veículo grande, dançam, fazem perguntas e distribuem t-shirts, publicitando um cereal de leite (Inquirido n.º 2 DGF 002 Kalinga).*
>
> *Um grossista no mercado de Kalingalinga prometeu trazer T-shirts quando comprássemos cereais lácteos (Inquirido n.º 3 FGD001 Kalinga).*

Em Chelstone, algumas mães relataram que os fabricantes de leite ordinário distribuíam t-shirts quando vinham fazer publicidade à sua marca de leite ordinário. Também distribuíam saquetas de leite ordinário, que algumas mães confessaram ter dado aos bebés.

> *...dando t-shirts e saquetas. O leite normal de uma marca conhecida é o que anunciam, mas quando as mães não têm leite acabam por dar o mesmo leite aos bebés (Inquirido n.º 1 FGD 001 Chelstone).*

Cartazes

Algumas mães em Kalingalinga referiram que havia cartazes a promover uma marca de cereais lácteos. Outras acrescentaram que também havia cartazes maheu que encorajavam as mães a dar substitutos inadequados do leite materno.

> *Existem cartazes, especialmente cartazes de cereais lácteos nas lojas (Inquirido n.º 4 FGD*

004 Kalingalinga)
Há cartazes maheu (Inquirido n.º 3 DGF 003 Kalingalinga)

Lojas de pintura

Algumas mães em Kalingalinga também relataram que algumas lojas foram pintadas com uma marca de rótulo de substituto do leite materno, contrariando as recomendações do Código de Comercialização de Substitutos do Leite Materno e/ou SI No. 48 de 2006 das Leis da Zâmbia.

Pintar as lojas com um cereal lácteo utilizando os seus rótulos (Respondente n.º 4 FGD002 Kalingalinga)

5.5.4 Influências dos distribuidores

Conselhos do lojista

Em Chelstone, algumas mães relataram que os donos das lojas estavam a aconselhá-las sobre a marca do substituto do leite materno a comprar, contrariando o Código de comercialização de substitutos do leite materno e/ou o instrumento estatutário número 48 de 2006 das Leis da Zâmbia.

... O vendedor também me aconselhou a comprar o leite em pó 1 (mãe de um bebé de 6 meses FGD002 Chelstone).

CAPÍTULO 6
DISCUSSÃO

Discussão

Verificámos que os fabricantes e distribuidores em Kalingalinga e Chelstone não cumpriam o Código e/ou o SI n.º 48 de 2006 das Leis da Zâmbia. Os fabricantes que não cumpriam as normas estavam a fazer publicidade a substitutos do leite materno junto do público em geral, tinham rótulos ofensivos e vendiam substitutos do leite materno a baixo preço. Além disso, foi comunicado que estavam a oferecer brindes às mães e ao público em geral enquanto promoviam os substitutos do leite materno (BMS). Também faziam publicidade nos pontos de venda. Além disso, em Kalingalinga, foi-lhes comunicado que estavam a distribuir materiais informativos/educativos sob a forma de cartazes e que estavam a pintar lojas com a sua marca de BMS. Os distribuidores que não cumpriam as regras faziam exibições especiais, tais como expor produtos inadequados perto de marcas de BMS, bem como colocar BMS à parte. Além disso, aconselharam as mães sobre a utilização de BMS. O incumprimento do Código e/ou da SI n.º 48 não foi significativamente diferente entre os retalhistas de Kaling. 48 não foi significativamente diferente entre Kalingalinga e Chelstone. Isto pode ter sido devido ao facto de as populações estudadas nos dois locais serem semelhantes. O incumprimento por parte dos Fabricantes e Distribuidores pode ter sido reforçado pelo apoio profissional dos profissionais de saúde que aconselharam as mães a utilizar uma determinada marca de SCB. Também pode ter sido reforçado por factores subjacentes às mães e aos seus filhos.

Foi relatado que os fabricantes que não cumpriram os requisitos estavam a fazer publicidade junto do público em geral na televisão, na rádio e em campo aberto, durante a qual eram promovidas diferentes marcas de BMS. Da mesma forma, na Tailândia, a televisão foi citada como a principal fonte de informação sobre a SGB (Barennes et al., 2012a). Além disso, nas Filipinas, foram registadas mensagens publicitárias sobre fórmulas (Howard L. Sobela e Nyunt-Ua, 2011). A promoção comercial de substitutos do leite materno através de vários canais contribui para um aumento da alimentação artificial (Ergin et al., 2013). No Reino Unido, por exemplo, a publicidade teve um impacto negativo na prevalência do aleitamento materno exclusivo, que era de 7% aos 4 meses (Hoddinott P, 2008). De acordo com o Regulamento dos Meios de Comunicação Social 3(a) do Instrumento Estatutário N.º 48 de 2006 das Leis da Zâmbia, todos os anúncios na televisão, rádio e em campo aberto de substitutos do leite materno são violações (GRZ, 2006). Além disso, o artigo 5.º do Código recomenda que "não deve haver publicidade ou outra forma de promoção ao público em geral de produtos abrangidos pelo âmbito do Código" (OMS, 1981). No entanto, as oportunidades de publicidade desenfreada disponíveis para os fabricantes minam os esforços que apoiam as mães a amamentar.

A comercialização direta de BMS para o público em geral pode influenciar a partilha de informação dentro das comunidades. Neste estudo, a maioria das mães referiu que aprendeu a dar um substituto do leite materno aos bebés através de familiares e amigos, à semelhança dos resultados de dois estudos realizados em África e na Ásia. No Togo e no Burkina Faso, os estudos revelaram que 17% das mães referiram ter sido aconselhadas a usar BMS por familiares e amigos. Nove anos mais tarde, na República Democrática Popular do Laos, um dos países da Ásia Oriental, 50% das mães também indicaram que foram aconselhadas a usar substitutos do leite materno por familiares e amigos (Aguayo et al., 2003, Barennes et al., 2012a). Há uma tendência para aprender com os outros, especialmente se a informação for dada por pessoas respeitadas na comunidade. As famílias também tendem a transmitir informações para se ajudarem mutuamente a criar os filhos.

Entre os fabricantes não conformes, foram comunicadas fotografias/desenhos nos rótulos dos BMS. Estas representavam um bebé, idealizando assim a alimentação infantil. Isto é semelhante às conclusões na China e na África Ocidental. Na China, os BMS tinham imagens de uma mãe ursa com uma cria (Barennes et al., 2009, Barennes et al., 2012a). Já no Togo e no Burkina Faso, foram registadas imagens e textos que idealizavam o uso de BMS nos rótulos (Aguayo et al., 2003). Tais rótulos geralmente violam as leis e regulamentos que regem os BMS. O artigo 9.º do Código estabelece que "nem o recipiente nem o rótulo devem ter imagens de bebés, nem devem ter outras imagens ou textos que possam idealizar a utilização de fórmulas para lactentes" (OMS, 1981). Entretanto, os Regulamentos 11 e 12 do SI no. 48 de 2006 das Leis da Zâmbia sobre a rotulagem de substitutos do leite materno afirma que "não deve haver nenhuma fotografia, desenho ou outra representação gráfica para além do método de preparação ilustrado" (GRZ, 2006). As fotografias/desenhos que idealizam a alimentação infantil, bem como a utilização de BMS, encorajam as mães a dar BMS às crianças, considerando-os superiores à amamentação. Isto pode, por sua vez, reduzir a prevalência do aleitamento materno, o que pode ter resultados negativos para a saúde dos bebés e das crianças pequenas.

Rótulos de substitutos do leite materno com mensagens de amamentação pouco claras também foram relatados entre os fabricantes não conformes. Num estudo semelhante realizado no Laos, as mães relataram que as mensagens sobre aleitamento materno estavam completamente ausentes em 22,7% dos rótulos dos substitutos do leite materno (Barennes et al., 2012a). No Artigo 9 do Código, afirma-se que o rótulo do BMS deve conter "uma declaração da superioridade do aleitamento materno" e "uma advertência contra os perigos para a saúde de uma preparação inadequada" (OMS, 1981). Se as mensagens sobre o aleitamento materno não forem claras, as mães não se aperceberão da superioridade do aleitamento materno em relação ao

alimentação artificial. É mais provável que optem pela alimentação artificial, reduzindo a prevalência do aleitamento materno e, em última análise, aumentando as probabilidades de infecções nos bebés e crianças pequenas.

Os rótulos das fórmulas de transição que se assemelham aos rótulos das fórmulas para lactentes foram mais susceptíveis de causar incumprimento entre os fabricantes em ambos os locais de estudo. O Código recomenda que os rótulos das fórmulas para lactentes e os das fórmulas de transição não devem ser semelhantes (OMS, 1981). Rótulos pouco claros de fórmulas para lactentes colocam os bebés em risco de problemas gastrointestinais, uma vez que as mães podem ficar confusas e acabar por comprar e dar fórmulas de transição aos bebés.

A indicação da utilização de biberões nos rótulos era mais suscetível de provocar o incumprimento por parte dos fabricantes. O Código proíbe a utilização de biberões (OMS, 1981) porque a sua limpeza e esterilização constituem um desafio e porque albergam microrganismos, alguns dos quais podem ser patogénicos, o que leva a uma elevada incidência de diarreia e de infecções do trato respiratório entre os lactentes e as crianças pequenas.

Foram registadas vendas a baixo preço nas lojas (distribuidores). Em Kalingalinga, foi dito às mães que "compravam dois e levavam um de graça". Em Chelstone, foram registadas reduções gerais de preços. Num estudo semelhante, 9% das unidades de saúde no Togo e 16% no Burkina Faso receberam fornecimentos gratuitos sob a forma de donativos (Aguayo et al., 2003). O artigo 6.º do Código e/ou o SI n.º. 48 de 2006 das Leis da Zâmbia proíbe a oferta de fornecimentos gratuitos, exceto se autorizada por uma autoridade relevante. Qualquer fabricante ou distribuidor que forneça quantidades de um produto gratuitamente ou a um preço inferior a 80% do preço de retalho não está a cumprir o Código e/ou o SI n.º 48 de 2006 das Leis da Zâmbia. 48 de 2006 das Leis da Zâmbia. Na Zâmbia, "autoridade competente" significa o Secretário Permanente do Ministério da Saúde (GRZ, 2006). Os substitutos do leite materno a um preço reduzido podem incentivar temporariamente as mães a optarem pela alimentação artificial. No entanto, não é sustentável porque as mães podem não conseguir comprar o BMS mais tarde, quando o preço for elevado. Isto pode levar a uma alimentação inadequada dos bebés e à subnutrição.

Em Kalingalinga, foram comunicadas ofertas gratuitas sob a forma de t-shirts oferecidas pelos fabricantes durante a promoção da BMS em espaços abertos. Três estudos tiveram resultados semelhantes. Em Genebra, na China e na África Ocidental, foram os profissionais de saúde que comunicaram ter recebido ofertas. Receberam presentes de patrocínio, subsídios especiais para inovações em nutrição e desenvolvimento de água. Também receberam t-shirts, canetas, caixas de alimentos, marcadores, fitas métricas, estetoscópios obstétricos e blocos de notas com a marca BMS (Brady, 2012, Barennes et al., 2012b, Aguayo et al., 2003). Além disso, o estudo na China referiu piscinas infantis e trotinetas oferecidas às mães (Barennes et al., 2012a). O artigo 5.º do Código proíbe os fabricantes e distribuidores de oferecerem quaisquer prendas que possam promover a SMC ou a

amamentação a biberão" (OMS, 1981). Neste estudo, apenas as mães relataram ter recebido presentes. Este facto pode ser um indicador de que os profissionais de saúde têm pleno conhecimento do Código e/ou do SI n.º 48 de 2006 das Leis da Zâmbia. 48 de 2006 das Leis da Zâmbia em Kalingalinga e Chelstone. Por outro lado, os fabricantes podem estar a aproveitar-se da ignorância das mães sobre o Código e a lei zambiana que protege a amamentação, bem como do conhecimento inadequado das mães sobre o sucesso da amamentação. A oferta de brindes às mães pode reduzir a prevalência do aleitamento materno, aumentando assim a morbilidade e a mortalidade dos bebés e crianças pequenas. A publicidade nos pontos de venda foi a causa mais provável de incumprimento do Código e/ou da SI n.º 48 entre os fabricantes. 48 entre os fabricantes. As mães referiram que os fabricantes lhes estavam a promover uma determinada marca de BMS no ponto de venda (nas lojas). Foram relatados resultados semelhantes na China, onde 11% das mães foram contactadas por um representante de vendas nas lojas para promover uma marca de BMS (Barennes et al., 2012a). O Código e/ou Regulamento do Ponto de Venda 3 e 5 do SI no. 48 de 2006 das Leis da Zâmbia, proíbe qualquer artifício para promover a compra ou a utilização de substitutos do leite materno no ponto de venda (OMS, 1981, GRZ, 2006). Ao promoverem os substitutos do leite materno no ponto de venda, os fabricantes influenciam indevidamente as mães (OMS, 1981) para que comprem e dêem aos bebés substitutos do leite materno. Esta prática pode levar as mães a comprarem substitutos do leite materno mesmo quando não precisam de o fazer mais tarde, reduzindo a prevalência do aleitamento materno. Em Kalingalinga, foram registados cartazes de uma marca de cereais lácteos e a pintura de lojas com uma marca de cereais lácteos. Os cartazes e a pintura de lojas são formas de informação e materiais educativos. Isto é consistente com os resultados dos estudos na China e na África Ocidental. Na China, foram registados 35% de cartazes que promoviam uma marca de substituto do leite materno (Barennes et al., 2012a). Foram encontrados folhetos com o nome da marca e as vantagens dos cereais lácteos no Burkina Faso (Barennes et al., 2008b). Os Regulamentos 3 e 10 do SI n.º 48 de 2006 das Leis da Zâmbia sobre informação e educação, afirmam que 'os materiais de informação e educação devem conter informação objetiva e consistente sobre o aleitamento materno' (GRZ, 2006). O artigo 5 do Código, bem como o Regulamento 3(a) dos meios de comunicação social do SI no. 48 de 2006 das Leis da Zâmbia, afirmam que 'toda a publicidade dirigida ao público em geral, incluindo a pintura de lojas com um rótulo de uma marca BMS, é uma violação' (OMS, 1981, GRZ, 2006). A afixação de cartazes e a pintura de lojas com marcas de BMS corroem o valor do leite materno e podem, consequentemente, reduzir a prevalência do aleitamento materno.
A exposição de produtos inadequados junto a marcas da BMS foi a causa mais provável de incumprimento do Código e/ou da SI n.º 48 entre os distribuidores. 48 entre os distribuidores. Esta é uma forma de exposição especial destinada a influenciar as mães a comprarem BMS. Os produtos inadequados incluíam creme de leite, cremora, cereais lácteos para adultos. Isto pode ter dado a impressão às mães de que estes produtos também podem ser utilizados para a alimentação de bebés. Da mesma forma, na África Ocidental, foram encontrados expositores especiais em 44% dos pontos de venda e distribuição (Aguayo et al., 2003). O Regulamento 12(3) e 12(4) no SI no. 48 declara que os distribuidores de produtos lácteos impróprios para a alimentação de bebés violam os Regulamentos se não colocarem um aviso de que o produto é impróprio para bebés com menos de seis meses (GRZ, 2006). Estes expositores induzem as mães em erro e reduzem as oportunidades de receberem informação relevante que possa apoiar as suas práticas de alimentação e cuidados infantis. Os produtos inadequados utilizados na alimentação de bebés aumentam o risco de desenvolvimento de malnutrição em bebés e crianças pequenas.
O facto de os distribuidores aconselharem as mães a promoverem uma determinada marca de substituto do leite materno foi denunciado em Chelstone. Este facto viola os Regulamentos 3 e 10 sobre Informação e Educação no SI no. 48 de 2006 das Leis da Zâmbia, que recomenda que seja dada às mães informação objetiva e consistente sobre amamentação (GRZ, 2006). O conselho de um lojista sobre os substitutos do leite materno a utilizar pode ser um artifício promocional comercial que, em última análise, pode reduzir a prevalência do aleitamento materno.
O aconselhamento médico sobre um determinado BMS a utilizar foi registado em Chelstone. Foram registados resultados semelhantes no Togo e no Burkina Faso, onde 52% e 17% dos profissionais de

saúde, respetivamente, aconselharam as mães a usar uma marca de BMS (Barennes et al., 2008a). Além disso, um estudo realizado no Laos também registou que 26,5% das mães tinham sido aconselhadas a usar uma marca de SCB. Os médicos (89%) e os enfermeiros (65%) foram as categorias de profissionais de saúde que aconselharam a utilização de SGC (Barennes et al., 2012a). Os profissionais de saúde têm uma obrigação especial de apoiar, proteger e promover o aleitamento materno (Declaração, 1990). Além disso, no Artigo 4 do Código, "As autoridades de saúde devem tomar medidas apropriadas para encorajar e proteger a amamentação e promover os princípios do Código". É, por isso, importante que os profissionais de saúde "dêem informação e aconselhamento adequados em relação às suas responsabilidades" (OMS, 1981). Para além disso, de acordo com o Regulamento de Informação e Educação 3 e 10 do SI n.º 48 de 2006 das Leis da Zâmbia, os profissionais de saúde não devem conferir aprovação profissional a qualquer leite materno (GRZ, 2006). Os conselhos dos profissionais de saúde sobre a utilização de uma BMS podem ser interpretados como conselhos médicos pelas mães e, mais tarde, ter um impacto negativo na prevalência do aleitamento materno.
O incumprimento do Código e/ou do SI n.º 48 de 2006 das Leis da Zâmbia por parte dos fabricantes e distribuidores pode ser reforçado por factores que estão subjacentes às mães e aos seus filhos. Estes factores tornam as mães e os seus filhos vulneráveis à comercialização pouco ética de substitutos do leite materno. Os fabricantes e distribuidores utilizam-nos para atingir as mães, fazendo-as passar por parceiras na garantia da saúde dos bebés e das crianças pequenas. Estes factores incluem o conhecimento das mães sobre o aleitamento materno, bem como o conhecimento da lei que protege o aleitamento materno na Zâmbia. Outros factores são a perceção de baixa produção de leite, mãe trabalhadora, modéstia pessoal e benefícios percebidos. Para além disso, o modo de parto, as crenças tradicionais, o nível de vida e a informação inadequada sobre o armazenamento do leite materno extraído foram implicados nas mães que optaram pela BLH.
O conhecimento das mães sobre a importância da amamentação e os riscos de dar BMS às crianças é fundamental para reduzir a prevalência do incumprimento do Código e/ou do SI n.º 48 de 2006 das Leis da Zâmbia por parte dos fabricantes e distribuidores. 48 de 2006 das Leis da Zâmbia por parte dos fabricantes e distribuidores. No entanto, a maioria das mães demonstrou ter conhecimentos sobre a amamentação e os riscos de dar substitutos do leite materno aos bebés e crianças pequenas. Ficou claro que as mães aprenderam sobre amamentação nas unidades de saúde quando frequentaram os serviços de saúde pré-natal e infantil. Do mesmo modo, num estudo realizado na Província do Sul, na Zâmbia, a informação sobre o aleitamento materno foi obtida principalmente nos hospitais (Fjeld et al., 2008). A partir dessas observações, fica claro que é necessário continuar a fornecer informações de apoio às mães para que elas não sejam influenciadas a usar a MPS. Neste estudo, apesar do conhecimento das mães sobre o aleitamento materno, a maioria delas optou por substitutos do leite materno. Isto é contrário aos resultados de um estudo realizado nos EUA, onde se verificou que a perceção dos benefícios do aleitamento materno estava negativamente associada à iniciação ao uso de fórmulas (McCann et al., 2007). Todas as mães entrevistadas, no entanto, não tinham conhecimento do Código e da Lei da Zâmbia que protege a amamentação, uma indicação de que as mães podem ser vitimas da promoção da BMS. A ignorância das mães sobre o Código e/ou o SI 48 pode ser uma brecha para os fabricantes terem contacto direto com elas quando comercializam os seus produtos (OMS, 1981).
A perceção de uma baixa produção de leite, sobretudo quando a criança tem dois a três meses de idade, levou as mães a optarem pela SMC. Isto foi avaliado por uma criança que chorava e que era vista como estando a chorar de fome. Observações semelhantes foram registadas num estudo anterior em Chelstone (Nchimunya, 2015). No entanto, uma criança pode chorar devido a uma série de razões, tais como fralda molhada, doença, sentir-se suja e desconfortável. Por isso, as mães não devem entrar em pânico e apressar-se a dar substitutos do leite materno, pensando que a criança está a chorar de fome (MOH, 2008).
A produção insuficiente de leite na primeira semana após o parto foi citada pelas mães que optaram pelo BMS. Isto está de acordo com os resultados de dois estudos separados realizados na China, onde 86% e 35% das mães deram substitutos do leite materno alegando que tinham leite insuficiente (Tang

et al., 2014, Barennes et al., 2012a). Na Zâmbia, a insuficiência de leite foi implicada na utilização de BMS como alternativa (de Jager et al., 2012, Nchimunya, 2015). A produção insuficiente de leite na primeira semana após o parto é um fenómeno natural, particularmente nos primeiros três dias, quando é produzido o primeiro leite chamado colostro. No entanto, a quantidade de leite nos primeiros dias é adequada para o bebé humano (MOH, 2008) e as mães não precisam de entrar em pânico durante este período. Nos Estados Unidos da América, as preocupações das mães com a insuficiência de leite foram fortemente associadas à suplementação com fórmulas (McCann et al., 2007). O colostro é fundamental para apoiar o sistema imunitário da criança. Dar substitutos do leite materno nos primeiros três dias pode fazer com que o bebé perca a imunidade passiva encontrada no colostro e coloca-o em risco de desenvolver infecções mais cedo na vida, levando a um aumento da morbilidade e mortalidade em bebés e crianças pequenas (MOH, 2008). É importante que as mães sejam sensibilizadas para a importância do aleitamento materno e da gestão da lactação.

As mães trabalhadoras estavam a optar pelo BMS. Estas eram maioritariamente mães que não tinham direito a licença de maternidade. Para além disso, as mães referiram a curta licença de maternidade como a causa da sua opção por substitutos do leite materno. O período máximo de licença de maternidade na Zâmbia é de três meses. A maioria das mães referiu ter dado BMS aos seus filhos com menos de seis semanas. Outras começaram a dar aos dois, três e quatro meses. Na sua maioria, deram leite em pó seguido de cereais lácteos. Estes foram principalmente introduzidos nos bebés e nas crianças pequenas como suplementos quando a mãe estava fora para trabalhar durante o dia. Isto é semelhante às conclusões de um estudo anterior em Chelstone, onde as mães trabalhadoras optaram pela BMS (Nchimunya, 2015). Para além disso, as dificuldades associadas ao armazenamento do leite materno extraído levaram as mães trabalhadoras a optar pelo BMS. Estudos semelhantes da China e da Zâmbia citaram o facto de estarem empregadas como uma das razões que tornaram a amamentação exclusiva um desafio (Tang et al., 2014, Barennes et al., 2012a, de Jager et al., 2012, Nchimunya, 2015). Mesmo que a mãe esteja a trabalhar, dar BMS no início da vida do bebé pode não ser sustentável. Isto pode levar a uma alimentação mista com alimentos não nutritivos ou demasiado diluídos; e pode, por sua vez, aumentar a prevalência de malnutrição entre os bebés. Além disso, os alimentos podem ser preparados em condições higiénicas comprometidas enquanto a mãe está a trabalhar, aumentando assim o risco de infecções infantis comuns, como a diarreia, as infecções do trato respiratório e as infecções do ouvido médio (MOH, 2008). Os desafios associados à alimentação mista indicam mensagens inadequadas e ineficazes sobre o aleitamento materno.

O pudor pessoal entre as mães foi relatado como uma das causas da tendência para optar pela SCM. As jovens mães influenciaram-se umas às outras na comunidade, dizendo que a amamentação poderia fazer com que os seios perdessem a forma e descaíssem. Também receavam perder peso. Do mesmo modo, nos Estados Unidos e em Chelstone, as jovens optaram pela fórmula para manter a forma do corpo e dos seios (McCann et al., 2007, Nchimunya, 2015). Estas mães são um alvo para os fabricantes e distribuidores de substitutos do leite materno, uma situação que viola o Código e/ou o SI n.º 48 de 2006 das Leis da Zâmbia. 48 de 2006 das Leis da Zâmbia. Os bebés e as crianças de tenra idade a quem é negado o aleitamento materno e que dependem de leite artificial estão sujeitos ao risco de doenças comuns na infância, como a diarreia, as infecções das vias respiratórias, as infecções do ouvido médio, bem como a desnutrição e, em última análise, a morte (MOH, 2008). O pudor pessoal também pode ser um indicador de mensagens de amamentação pobres e, em última análise, de conhecimentos inadequados sobre os benefícios da amamentação tanto para as crianças como para as mães.

O receio de transmitir a infeção pelo Vírus da Imunodeficiência Humana (VIH) levou as mães a optarem pela BMS. Da mesma forma, em três estudos separados no Reino Unido, na China e na Zâmbia, as mães utilizaram a BMS para a alimentação de substituição (Hoddinott P, 2008, Barennes et al., 2012a, Nchimunya, 2015). A alimentação com SCV em caso de infeção por VIH pode colocar a criança em risco de desnutrição e, em última análise, de morte, sobretudo em situações em que não é aceitável, viável, acessível, sustentável e segura (AFASS) (Doherty et al., 2007). No caso da infeção pelo VIH, é importante consultar especialistas de saúde em alimentação de bebés e crianças pequenas. Também é necessário intensificar a educação das mães sobre a alimentação de lactentes e crianças jovens no contexto do VIH/SIDA.

Os benefícios percebidos, como o aumento do ganho de peso e dos movimentos intestinais das crianças, influenciaram as mães a dar BMS. Do mesmo modo, no Reino Unido e na China, as mães acreditavam que uma criança assim cresceria rapidamente e que a BMS tinha vitaminas adicionadas (Hoddinott P, 2008, Barennes et al., 2012a). Aumentar o movimento do intestino com o BMS pode ser mais prejudicial do que benéfico. Os intestinos da criança podem acabar por ficar feridos e tornar-se susceptíveis a infecções (MOH, 2008). Os benefícios percebidos da BMS mostram que os benefícios da amamentação ainda não são claros para as mães.

O modo de parto, nomeadamente a cesariana, levou as mães de Chelstone a optarem pela BMS. Elas deram BMS aos bebés durante pelo menos um dia, quando estes ainda se sentiam demasiado fracos para amamentar. Num estudo anterior em Chelstone, verificou-se que as mães que deram à luz por cesariana tinham dificuldades em amamentar exclusivamente (Nchimunya, 2015). No entanto, um bebé humano pode ficar durante um dia para a mãe recuperar antes de iniciar a amamentação. Dar substitutos do leite materno a um bebé no início da vida pode introduzir infecções causadas por leite e biberão contaminados. Pode também interferir com a absorção do primeiro leite (colostro). Este leite é rico em imunoglobulinas que conferem a imunidade passiva de que o bebé necessita (MOH, 2008).

Uma crença tradicional, 'Icibele' em Chelstone, foi mais uma razão para as mães optarem pela SMC. 'Icibele' é uma palavra Bemba que implica que algumas mães não amamentam em público, receando que se amamentarem ao mesmo tempo e no mesmo local que a mãe que aplicou alguma medicina tradicional no seu filho, os seus filhos que não passaram pelo ritual tradicional acabem por ficar doentes. De acordo com as mães, os sinais e sintomas do 'Icibele' são vómitos e fezes aquosas e leitosas. Nos EUA, a perceção de barreiras à amamentação em público foi positivamente associada à iniciação à fórmula (McCann et al., 2007). Iniciar a alimentação das crianças com fórmulas pode afetar o seu crescimento e desenvolvimento e pode também expô-las a infecções de origem alimentar e hídrica no início da vida, resultando numa elevada morbilidade e mortalidade entre os bebés e as crianças pequenas (MOH, 2008). A influência das crenças tradicionais na alimentação dos bebés poderia ser reduzida se as mães valorizassem mais a importância do aleitamento materno.

Para além disso, a melhoria do rendimento disponível das mães influenciou-as a optarem pela SCM. Do mesmo modo, os resultados de estudos anteriores referem que o aleitamento materno diminui com a melhoria dos padrões de vida nos países em desenvolvimento (McCann et al., 1981). Contrariamente, por volta da mesma altura, no Reino Unido e nos EUA, um rendimento familiar mais elevado estava associado a uma maior incidência e duração do aleitamento materno, reduzindo a incidência da alimentação com fórmula (Martin, 1978, Martinez e Dodd, 1983, Martinez e Stahle, 1982, McKean et al., 1975). É possível que outras intervenções tenham sido aplicadas no Reino Unido e nos Estados Unidos para favorecer a opção pelo aleitamento materno e não pela SMC. Quando as pessoas estão bem informadas sobre as vantagens do aleitamento materno, é provável que optem por ele.

Por último, a informação inadequada sobre o armazenamento do leite materno extraído influenciou as mães a optarem pela BMS em Chelstone. Uma informação inadequada sobre o armazenamento do leite materno extraído pode impedir as mães de extraírem e deixarem leite materno para os seus bebés e, por conseguinte, anular todo o objetivo da amamentação, mesmo quando a mãe está fora de casa. Este facto aumenta a incidência da alimentação artificial. Uma criança que se recuse a mamar também pode levar as mães a dar alimentação artificial. Esta área requer mais investigação para determinar os factores associados à recusa da criança em amamentar.

Limitações

O estudo forneceu uma base para a compreensão das complexidades associadas ao incumprimento do Código e/ou do SI n.º 48 de 2006 das Leis da Zâmbia. No entanto, os resultados podem não ser generalizados a toda a Zâmbia, uma vez que a investigação se centrou em duas comunidades urbanas na capital da Zâmbia. As condições relacionadas com o aleitamento materno e a utilização de BMS podem ser diferentes noutras áreas residenciais. Além disso, as actividades promocionais podem variar de local para local. No entanto, a natureza das violações do código e/ou do SI n.º 48 de 2006 das Leis da Zâmbia sugere uma infração sistemática. Seria razoável acreditar que estão a ocorrer violações semelhantes noutras zonas residenciais. De um modo geral, os profissionais de saúde estavam cientes do facto de que os fabricantes não devem ter contacto direto com eles. Ao responderem a perguntas que sugeriam a relação entre eles e os fabricantes, o seu conhecimento prévio poderia ter influenciado as suas respostas. As mães também estavam cientes do facto de as unidades de saúde serem contra a utilização de substitutos do leite materno. Por conseguinte, o recurso a profissionais de saúde para as entrevistar tê-las-ia impedido de se exprimirem livremente e, por conseguinte, poderia ter afetado o resultado das conclusões.

É necessária uma investigação mais aprofundada para compreender as áreas que não foram captadas, bem como para responder a algumas das questões levantadas. Estas poderiam incluir as causas dos sintomas que as mães consideram ser sintomas de 'Icibele', bem como o que leva as crianças a deixarem de mamar sozinhas antes dos dois anos de idade.

Conclusão

O incumprimento do Código Internacional de Comercialização de Substitutos do Leite Materno e/ou do SI n.º 48 de 2006 das Leis da Zâmbia prevalece em Kalingalinga e Chelstone após 10 anos da promulgação do Instrumento Estatutário n.º 48. Foram encontrados vários factores associados ao incumprimento por parte dos fabricantes e distribuidores.

Os fabricantes que não cumpriram a legislação estavam a fazer publicidade na televisão e na rádio, tinham imagens e textos apelativos nos rótulos e efectuavam vendas a baixo preço. Além disso, davam brindes ao público em geral e faziam publicidade nos pontos de venda. Só em Kalingalinga, os fabricantes estavam a distribuir materiais informativos e educativos sob a forma de cartazes e pintura de lojas. O incumprimento por parte dos distribuidores deveu-se a expositores especiais que exibiam produtos inadequados, em particular, perto de marcas de substitutos do leite materno. Só no caso do chelstone, o facto de se aconselharem as mães sobre a utilização de substitutos do leite materno foi associado ao incumprimento por parte dos distribuidores. Este estudo também revelou que as mães recebem conselhos sobre a utilização de substitutos do leite materno de amigos e familiares, bem como de profissionais de saúde que citam médicos.

Os factores subjacentes que tornam as mães vulneráveis à comercialização não ética de substitutos do leite materno incluem: falta de conhecimento do código, perceção de baixa produção de leite e mães ocupadas. Para além disso, a modéstia pessoal, o mau estado de saúde da mãe e os benefícios percebidos fazem com que as mães optem por substitutos do leite materno. Além disso, o modo de parto, as crenças tradicionais e o nível de vida também fazem com que as mães optem por substitutos do leite materno. Por último, o facto de uma criança se recusar a mamar, citado em Chelstone, e a idade da criança fizeram com que as mães optassem pela SBL.

Recomendações

O não cumprimento do Código e/ou do SI n.º 48 de 2006 das Leis da Zâmbia por parte dos fabricantes e distribuidores revela uma aplicação inadequada da Lei. As razões subjacentes ao facto de as mães optarem por substitutos do leite materno, juntamente com a falta de conhecimento sobre a lei zambiana que protege o aleitamento materno, revelam lacunas no conhecimento das mães sobre o aleitamento materno. O aconselhamento dos profissionais de saúde sobre a utilização de substitutos do leite materno revela lacunas no conhecimento dos profissionais de saúde sobre o aleitamento materno. Tudo isto pode traduzir-se numa baixa prevalência do aleitamento materno, aumentando a morbilidade e a mortalidade em bebés e crianças pequenas.

O gabinete de saúde do distrito de Lusaka, bem como as unidades de saúde de Kalingalinga e Chelstone, devem assegurar a aplicação adequada da lei de rotina para controlar a comercialização não ética de substitutos do leite materno. Deve ser dada especial atenção à publicidade na rádio e na televisão, à informação dos fabricantes e aos materiais educativos, tais como cartazes e pintura de lojas, bem como à rotulagem. As actividades dos fabricantes no ponto de venda também devem ser monitorizadas. Estas incluem: publicidade, vendas a baixo preço, bem como ofertas gratuitas. As influências dos distribuidores na escolha dos alimentos para bebés pelas mães devem igualmente ser controladas. Deve ser prestada especial atenção aos expositores especiais, nomeadamente à exposição de produtos inadequados perto de marcas de SGB e ao aconselhamento às mães sobre a utilização de substitutos do leite materno.

Além disso, é necessário reorientar as mensagens sobre alimentação de bebés e crianças pequenas em nutrição para colmatar as lacunas. Algumas mensagens sugeridas são: amamentação e a lei zambiana, amamentação e cesariana, amamentação na primeira semana após o parto (gestão da lactação), amamentação fora de casa (extração de leite materno) e amamentação em caso de doença, como o VIH/SIDA, com enfoque nas mais recentes orientações sobre a Prevenção da Transmissão de Mãe para Filho (PTV) do VIH. Devem ser encontrados os canais apropriados para uma comunicação eficaz de mudança de comportamento para colmatar as lacunas. Entretanto, é necessário alargar esta investigação a outras áreas residenciais. Para além disso, as causas dos sintomas associados ao "Icibele", bem como as causas da recusa e posterior interrupção da amamentação em crianças com menos de dois anos de idade, devem ser mais investigadas.

REFERÊNCIAS

AGUAYO, V. M., ROSS, J. S., KANON, S. & OUEDRAOGO, A. N. 2003. Monitoring compliance with the International Code of Marketing of Breastmilk Substitutes in west Africa: multisite cross sectional survey in Togo and Burkina Faso. *BMJ*, 326, 127.

BARENNES, C, S., P, O., T, T., VALLE, J., B, M.-U., P.N, N. & M, S. 2009. Tradições pósparto e práticas nutricionais entre as mulheres urbanas do Laos e os seus bebés em Vientiane, RDP do Laos. *Revista Europeia de Nutrição Clínica*, 63, 323-331.

BARENNES, SAYAVONG, KEOUDOMPHONE & CHRISTIAN 2012a. Investigação sobre as violações do Código de Comercialização de Substitutos do Leite Materno na RDP da ALADI. 8-28.

BARENNES H, EMPIS G, QUANG T, SENGKHAMYONG K, PHASAVATH P, HARIMANANA A, SAMBANY M & N., K. 2012. Substitutos do leite materno: uma nova velha ameaça para a política de aleitamento materno nos países em desenvolvimento. Um estudo de caso num país tradicionalmente com elevada taxa de aleitamento materno. *PloS one*, 7, e30634.

BARENNES, H., ANDRIATAHINA, T., LATTHAPHASAVANG, V., ANDERSON, M. & SROUR, L. M. 2008a. Misperceptions and misuse of Bear Brand coffee creamer as infant food: national cross sectional survey of consumers and paediatricians in Laos. *BMJ*, 337, a1379.

BARENNES, H., ANDRIATAHINA, T., LATTHAPHASAVANG, V., ANDERSON, M. & SROUR, L. M. 2008b. Misperceptions and misuse of Bear Brand coffee creamer as infant food: national cross sectional survey of consumers and paediatricians in Laos. *BMJ*, 337.

BARENNES, H., SAYAVONG, E., VILIVONG, K. & RAJAONARIVO, C. 2012b. Investigação sobre violações do código internacional de comercialização de substitutos do leite materno na RDP do Laos. UNICEF.

BRADY & PAULINE, J. 2012. Comercialização de substitutos do leite materno: problemas e perigos em todo o mundo. *Archives of disease in childhood*, 97, 529-532.

BRADY, J. P. 2012. Comercialização de substitutos do leite materno: problemas e perigos em todo o mundo. *Archives of disease in childhood*, 97, 529-532.

BRANIGAN, T. 2008. Faking it: Food Quality in Chaina, Dairy Industry Report, Bejing: Universidade Renmin.

CRESWELL, J. W., PLANO CLARK, V. L., GUTMANN, M. L. & HANSON, W. E. 2003. Projectos avançados de investigação com métodos mistos. *Handbook of mixed methods in social and behavioral research*, 209-240.

CSO 2015. Estatísticas da população.

DE JAGER, M., HARTLEY, K., TERRAZAS, J. & MERRILL, J. 2012. Barriers to breastfeeding - a global survey on why women start and stop breastfeeding (Barreiras à amamentação - um inquérito global sobre as razões pelas quais as mulheres começam e param de amamentar). *European Obstetrics & Gynaecology*, 7, 25-30.

DECLARAÇÃO, I. Sobre a proteção, promoção e apoio ao aleitamento materno. Adoptada na reunião de decisores políticos da OMS/UNICEF sobre aleitamento materno na década de 1990: Uma Iniciativa Global. Realizada em Spedale degli Innocenti, Itália. Documento, 1990. Taylor & Francis.

DENZIN, N. K. & LINCOLN, Y. S. 1998. O panorama da investigação qualitativa: Theories and issue. Thousand Oaks, CA: Sage Publications.

DOHERTY, T., CHOPRA, M., JACKSON, D., GOGA, A., COLVIN, M. & PERSSON, L.-A. 2007. Effectiveness of the WHO/UNICEF guidelines on infant feeding for HIV-positive women: results from a prospective cohort study in South Africa (Eficácia das directrizes da OMS/UNICEF sobre alimentação infantil para mulheres seropositivas: resultados de um estudo de coorte prospetivo na África do Sul). *Aids*, 21, 1791-1797.

ERGIN, A., HATIPOGLU, C., BOZKURT, A. I., ERDOGAN, A., GÜLER, S., ¡NCE, G., KAVURGACi, N., ÖZ, A. & YENIAY, M. K. 2013. Situação de conformidade dos rótulos dos produtos com o código internacional de comercialização de substitutos do leite materno. *Revista de saúde materna e infantil*, 17, 62-67.

FJELD, F., SIZIYA, S., KATEPA-BWALYA, M., KANKASA, C., MOLAND, K. M. & TYLLESKÄR, T. 2008. 'No sister, the breast alone is not enough for my baby'a qualitative assessment of potentials and barriers in the promotion of exclusive breastfeeding in southern

Zambia. *International breastfeeding journal,* 3, 1.
GRBICH, C. 1998. *Qualitative research in health: An introduction,* Sage.
GRZ 2006. Monitorização da Conformidade e Aplicação dos Regulamentos dos Substitutos do Leite Materno: Um manual para Oficiais de Saúde Ambiental. . *48.* Lusaka, Zâmbia.
HODDINOTT P, T. P., WRIGHT C. 2008. Aleitamento materno. *BMJ,* 336, 881-7.
HOWARD L. SOBELA, A. I., RENÉ R. RAYAB, ALEXANDER A. PADILLAC, JEAN-MARC OLIVÉA, & NYUNT-UA, S.
2011. Será a comercialização sem entraves de substitutos do leite materno responsável pelo declínio da amamentação nas Filipinas? Um inquérito exploratório e uma análise de grupos de discussão. *Elsevier,* 73, 1445-1448.
LEBLANC, L. J. 1995. *The convention on the rights of the child: United Nations lawmaking on human rights,* Univ of Nebraska Pr.
LEVY, M. D. L., LARCHER, V. & KURZ, R. 2003. Consentimento informado/assentimento em crianças. Declaração do Grupo de Trabalho de Ética da Confederação Europeia de Especialistas em Pediatria (CESP). *European journal of pediatrics,* 162, 629-633.
LIAMPUTTONG, P. & EZZY, D. 2005. Métodos de investigação qualitativa.
LIU, A., DAI, Y., XIE, X. & CHEN, L. 2014. Implementação do Código Internacional de Comercialização de Substitutos do Leite Materno na China. *Breastfeeding Medicine,* 9, 467-472.
MARTIN, J. 1978. *Infant feeding 1975: attitudes and practice in England and Wales, A survey carried out on behalf of the Department of Health and Social Security,* HM Stationery Office, London.
MARTINEZ, G. & DODD, D. 1983. 1981 Milk feeding patterns in the US during the first twelve months of life. *Pediatrics,* 69, 661.
MARTINEZ, G. A. & STAHLE, D. A. 1982. The recent trend in milk feeding among WIC infants. *American journal of public health,* 72, 68-71.
MCCANN, M. F., BAYDAR, N. & WILLIAMS, R. L. 2007. Breastfeeding attitudes and reported problems in a national sample of WIC participants. *Journal of Human Lactation,* 23, 314-324.
MCCANN, M. F., LISKIN, L., PIOTROW, P. T., RINEHART, W. & FOX, G. 1981. Breast-feeding fertility and family planning. *Population Reports. Série J: Programas de Planeamento Familiar,* 1-51.
MCKEAN, K., BAUM, J. & SLOPER, K. 1975. Factores que influenciam o aleitamento materno. *Archives of disease in childhood,* 50, 165-170.
MENDOZA, R. L. 2011. Um estudo de caso de promoção da saúde infantil e marketing corporativo de substitutos do leite. *PubMed.*
MILES, M. B., HUBERMAN, A. M. & SALDANA, J. 2013. *Qualitative data analysis: A methods sourcebook,* SAGE Publications, Incorporated.
MINISTÉRIO DA SAÚDE 2008. *Aconselhamento sobre alimentação de bebés e crianças pequenas:*
an integrated Course Participants Manual), Ministério da Saúde, Lusaka, Zâmbia.
NAYLOR, A. J. 2001. Iniciativa Hospital Amigo dos Bebés: Proteger, promover e apoiar o aleitamento materno no século XXI. *Pediatric Clinics of North America,* 48, 475-483.
NCHIMUNYA, C. 2015. Um estudo exploratório sobre os factores associados à adoção do aleitamento materno exclusivo em Chelstone-Zâmbia.
RITCHIE, J., SPENCER, L. & O'CONNOR, W. 2003. Realização de análises qualitativas. *Qualitative research practice: A guide for social science students and researchers,* 219-262.
SILVERMAN, D. 2013. *Doing qualitative research: A practical handbook,* SAGE Publications Limited.
SOKOL, E., AGUAYO, V. M. & DAVID, C. 2007. 25 anos de implementação do Código de Comercialização de Substitutos do Leite Materno: Escritório Regional da UNICEF para a África Ocidental e Central.
TANG, LEE, L., H, A., BINNS, W, C., YANG, YUXIONG, WU, YAN, LI, YANXIA, QIU & LIQIAN 2014. Uso generalizado de fórmulas infantis na China: A Major Public Health Problem. *Birth,* 41, 339-343.
TAYLOR, A. 1998. Violações do código internacional de comercialização de substitutos do leite materno: prevalência em quatro países. *BMJ,* 316, 1117-1122.

UNICEF 2006. 1990-2005. Celebrating the Innocenti Declaration on the Protection, Promotion and Support of Breastfeeding: Past Achievements, Present Challenges and Priority Actions for Infant and Young Child Feeding. *Centro de Investigação Innocenti, Florença, Itália.*

UNICEF 2008. *Aconselhamento sobre Alimentação de Lactentes e Crianças de Tenra Idade, um Curso Integrado, Manual do Participante,* Lusaka, Zâmbia.

UNICEF 2009. Revisão do programa para bebés e crianças pequenas: Estudo de Caso: Uganda.

WATERSTON, TONY, TUMWINE & JAMES 2003. Monitorização da comercialização de fórmulas para lactentes: Os fabricantes de substitutos do leite materno violam o código da OMS - mais uma vez. *BMJ: British Medical Journal,* 326, 113.

WHA 1994. Resolução da Assembleia Mundial da Saúde WHA47. 5: nutrição de lactentes e crianças jovens. Organização Mundial de Saúde Genebra.

OMS 1980. Sexto relatório sobre a situação da saúde no mundo: parte 1, análise global, parte 2, análise por país e por zona.

OMS 1993. Nutrição do lactente e da criança pequena. Genebra:

OMS, 1993. (EB93/17.).

OMS 2001. Novos dados sobre a prevenção da transmissão do VIH de mãe para filho e suas implicações políticas: conclusões e recomendações. Consulta técnica da OMS em nome da equipa de trabalho inter-agências UNFPA/UNICEF/OMS/ONUSIDA sobre a transmissão vertical do VIH. Genebra: OMS.

OMS 2006. Declaração de consenso. Consulta técnica da OMS sobre o VIH e a alimentação infantil realizada em nome da equipa de trabalho inter-agências IATT sobre a prevenção de infecções por VIH em mulheres grávidas, mães e respectivos bebés. Genebra: OMS.

OMS & UNICEF 2003. Estratégia global para a alimentação de lactentes e crianças jovens.

OMS, U. 1981. Código internacional de comercialização de substitutos do leite materno. *Promoção e Apoio ao Aleitamento Materno num Hospital Amigo dos Bebés. Um curso de 20 horas para o pessoal da maternidade p.*

APÊNDICES

Apêndice 1: Indicação da utilização de biberões, imagem que idealiza a alimentação do bebé e tetinas

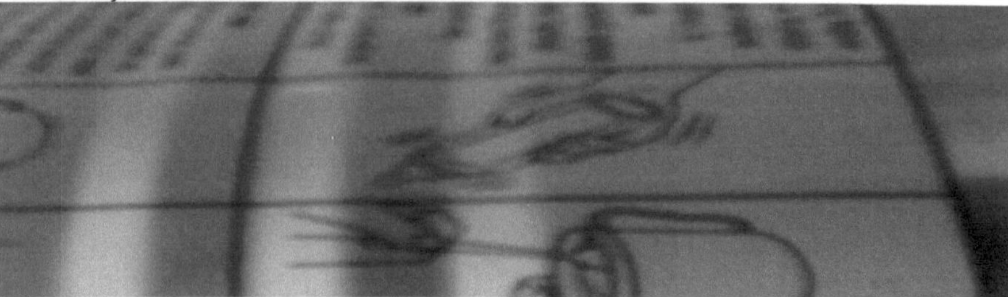

Figura 7: Rótulo que indica a utilização do biberão

Figura 8: Tetinas

Apêndice 2 Ficha de informação para os profissionais de saúde

Factores associados ao não cumprimento do Código de Comercialização de Substitutos do Leite Materno no Complexo de Kalingalinga, Lusaka, Zâmbia.

Investigador principal: Priscilla Funduluka

Objetivo do projeto de investigação

O objetivo deste estudo é recolher informações que nos ajudem a conhecer o grau de cumprimento do Código de Comercialização de Substitutos do Leite Materno e as razões pelas quais os profissionais de saúde e as mães não o cumprem em Kalinga. Esperamos que falar consigo nos ajude a desenvolver intervenções que melhorem a saúde e o bem-estar dos bebés e crianças pequenas e das suas mães em Kalinga, através de uma maior prevalência do aleitamento materno exclusivo.

Porque é que lhe é pedido para participar?

Os participantes neste estudo são do Complexo de Kalingalinga e do Centro de Saúde de Kalingalinga. Entre eles estão as mães com filhos com menos de seis (6) meses, entre as quais se encontra a senhora, bem como os profissionais de saúde, tais como médicos e enfermeiros. No total, esperamos que participem cerca de 288 pessoas.

Procedimentos

Se nos autorizar a falar consigo, pedir-lhe-emos que participe numa entrevista que durará cerca de 30 minutos. A entrevista será efectuada num local privado. Poderemos também tomar notas sobre o que vai dizer. Se houver alguma informação que considere que não deve ser registada, sinta-se à vontade para o dizer. Se nos autorizar a escrever, as informações ajudar-nos-ão a compreender melhor o que está a dizer. O seu nome não será escrito/registado.

Riscos/desconfortos

Não esperamos que venha a ter problemas de maior devido à sua participação neste estudo. Gostaríamos também de lhe assegurar que as informações que obteremos de si não serão partilhadas com ninguém fora da equipa de investigação.

Benefícios

Não há benefícios directos para si, mas o que aprenderemos consigo neste estudo ajudar-nos-á a desenvolver actividades para melhorar o estado de saúde dos bebés e crianças pequenas no complexo de Kalinga. Também nos ajudará a encontrar melhores formas de trabalhar com a sua comunidade no desenvolvimento de soluções que afectem os bebés e as crianças de tenra idade em Kalinga.

Pagamento

A participação neste programa não é remunerada, uma vez que faz parte do sistema de prestação de cuidados de saúde. No entanto, ser-lhe-ão servidos refrescos durante o tempo que estiver a participar neste estudo.

Proteção da confidencialidade dos dados

Não colocaremos nomes em nenhuma informação recolhida do utilizador. Em vez disso, utilizaremos números para identificação.

O que acontece se não quiser participar ou se decidir abandonar a entrevista mais cedo?

É livre de decidir se quer participar neste estudo. Também é livre de sair em qualquer altura da entrevista. Além disso, é livre de não responder a quaisquer perguntas com as quais não se sinta à vontade e isso não lhe trará qualquer problema. Quer decida participar ou sair mais cedo, dar-lhe-emos uma lembrança (um pacote de bolachas) pelo tempo que passou no estudo.

A quem telefonar se tiver dúvidas ou problemas

- Para mais informações, contactar Priscilla Funduluka, no telemóvel 0977 822963
- Telefone ou contacte o Departamento de Saúde Pública da Faculdade de Medicina da Universidade da Zâmbia, se tiver dúvidas sobre os seus direitos, se tiver sido tratado injustamente ou se tiver outras preocupações. A informação de contacto do Departamento de Saúde Pública é 260-1290258, P.O. Box 50110, UNZA, Lusaka

Apêndice 3 Formulário de consentimento para os trabalhadores do sector da saúde

O que significa a minha assinatura (ou impressão digital/marca) neste formulário de consentimento?

A minha assinatura (ou impressão digital do polegar/marca) no presente formulário significa:

- Fui informado(a) sobre o objetivo, os procedimentos, os possíveis benefícios e os riscos deste estudo.
- Foi-me dada a possibilidade de fazer perguntas antes de assinar.
- Aceitei voluntariamente participar neste estudo.

Nome do participante	Assinatura do participante	Data

Nome da pessoa que está a obter o consentimento	Assinatura da pessoa que obtém o consentimento	Data

Pedir ao participante que faça uma "impressão do polegar esquerdo" nesta caixa se não puder assinar acima.

Nome da testemunha se a pessoa que dá o consentimento não souber ler nem escrever	Assinatura da testemunha	Data

Apêndice 4 Ficha de informação para as mães
(Nyanja)
PEPALA LA OTHENGAMO MBALI MUKUFUNSIDWA - AZIMAYI

Mugwirizano wa malamulo wa kugulisa zakudya zolowa m'malo mwa kuyamwisa mu Kalingalinga ndi ku Chelstone, Lusaka, Zambia.

Mwini Wofufuza: Priscilla Funduluka

NÃO:

Choyamba

Pumziroloi la chitidwa pansi pa University ya Zambia kuno ku Kalingalinga/Chelstone. Puziroloi ili pa kadyesedwe ka ana amusinku ochepela miyezi 6.

Chifuno cha kufufuzaku

Chifukwa cha punziloli ndi kupeza malingalilo amene angatithadize kuzi mulingo umene kugwilizana ndi malamulo akagulisidwe a zakudya zolowa mumalo mwa kuyamwisa ndiponso zopangisa azimayi kuti azipasa ana ao zolowa mumalo akuyamwisa. Tikuyebekezela kuti kulakhula nanu kuzatithadiza kusitha umoyo wa ana ndi amai ao mu Kalingalinga/Chelstone kupyolela mu kuyamwisa chabe basi.

Chifukwa ninji mufusidwa kuti mutengemo mbali?

Otengamo mbali muphuziloli ndi aku Kalingalinga/Chelstone. Pakati pawo ndi azimayi ali ndi ana amiyezi 6 ndi chepelapo amene inuyo muli umodzi wa iwo kuphatikizapo azachipatala monga madokotala ndi manesi. Ena ache ndi eni masitolo mu Kalingalinga/Chelstone. Tikufuna anthu okwanila 364 kuti atengemo mbali.

Kachitidwe kake

Ngati mwatilola kuti tikufunseni, tizakupempani kuti mutengeko mbali mu kufufuza komwe kuzatenga mpidi 30. Kuzachitidwa mwa chinsinsi. Tikoza kulembako zina pa zimene muzatiuza Ngati pali zina zimene mufuna kuti zisalembedwe kalani omasuka kunena. Ngati muzativomeleza kulemba uthengau uzatithandiza kumvesesa zimene mukunena. Dzina lanu silizalembedwa.

Zovuta zolowesedwamo

Sitikuyembekezela kuti muzakhala ndi vuto lalikulu pa kutengamo mbali kwanu.Tikufuna kukusimikizilani kuti uthenga umene tizatenga kwa inu sitizagawana ndi wina aliyense kunja kwa gulu lofufuza, Ngakale zili conco muzafunika kutipasa nkhani za umwini.

Mapindu

Palibe mapindu achindunji kwa inu koma zimene tiphunzire kwa inu kuzatithandiza kuti tipeze njila zopangisila kuti umoyo wa ana ukhale wa bwino mu Kalinganlinga/Chestone.

Malipilo

Kulibe malipilo aliwonse kwa otengako mbali mukufukuzaku cifukwa ndi mbali ya zaumoyo. Ngakale zili conco ndalama yoyendela(K30) pa ntawi ya mapuzilowa izapelekedwa.

Kuchinjiliza chinsinsi

Sitizaika maina pa uthenga uliwonse wumene tizatenga kwa inu. M'mumalo mwake tizagwirisa ncito ma nambala monga zizindikilo. Uthengau tizausungila mu kompyuta ndi mau achinsinsi.

Nchiyani chigachitike ngati slmukufuna kutengamo mbali kapena mufuna kuleka kufunsa mwamusanga?

Muli omasuka kusanka kutengamo mbali mupunziloli. Muli omasukanso kuleka nthawi ina iliyonse ya kufusa. Mulinso omasuka kusayankha mafuso amene salibwino kwa inu ndipo palibe vuto iliyonse. Ngakale mwatengamo kapena mwalekela pa njila koma tizakupasani ndalama yoyendela (K30) pa nthawi imene mwataya papunziloli.

Amene mungafikile ngati mwakala ndi mafunso kapena mavuto

Ibilani foni Priscilla Funduluka, pa 0977 822963 ngati pali zina zoonjezeleka

Tumilani lamiya wa kumpando University ya Zambia, Biomedical Ethics Committee (UNZABREC) ku sukulu ya zamankwala;

P,O. Box 50110, Lusaka, Zâmbia.

Telefone: 0211 256067.

Emelo: <u>unzarec@zamtel.zm</u>

Apêndice 5 Formulários de consentimento para as mães
(Nyanja)

Pepala la Chilolezo

Kodi siginechala yanga (chizindikilo ca chikumo) pa pepalali zitanthauza ciyani?
Siginechala yanga (chizindikilo ca chikumo) pa pepalali zitanthauza :
Nauzidwa zachifuno, kachitidwe kake, mapindu e zoopya zake.
Ndapasidwa mwayi wofunsa mafuso nikalibe kusaina.
Nazifunila kuti nitegemo mbali mupuziloli.

Dzina la wotengamo mbali	siginecha ya wotengamo mbali	Siku

Dzina la munthu wopempa chilolezo	siginecha ya munthu wopempa chilolezo	siku

Pempani wotengamo mbali kuti aike chizindikilo chachikumo chikulu cha Kuzanja

Dzina la mboni ngati wopeleka
Chilolezo sangawelenge ndi kulemba

siginecha ya mboni	siku

Apêndice 6 Ficha de informação para o debate do grupo de discussão
(Nyanja)
PEPALA LA OTENGAMO MBALI MUKUFUNSIDWA - BUNGWE LOKABILANA LA AZIMAYI

Mutu wa phunzilo: Mugwirizano wa malamulo wa kugulisa zakudya zolowa m'malo mwa kuyamwisa mu Kalingalinga ndi ku Chelstone, Lusaka, Zambia.

Mwini Wofufuza: Priscilla Funduluka

NÃO:

Choyamba

Pumziroloni la chitidwa pansi pa University ya Zambia kuno ku Kalingalinga/Chelstone. Puzirololi ili pa kadyesedwe ka ana amusinku ochepela miyezi 6.

Chifuno cha kufufuzaku

Chifukwa cha punziloli ndi kupeza malingalilo amene angatithadize kuzi mulingo umene kugwilizana ndi malamulo akagulisidwe a zakudya zolowa mumalo mwa kuyamwisa ndiponso zopangisa azimayi kuti azipasa ana ao zolowa mumalo akuyamwisa. Tikuyebekezela kuti kulakhula nanu kuzatithadiza kusitha umoyo wa ana ndi amai ao mu Kalingalinga/Chelstone kupyolela mu kuyamwisa chabe basi.

Chifukwa ninji mufusidwa kuti mutengemo mbali?

Otengamo mbali muphuziloli ndi aku Kalingalinga/Chelstone. Pakati pawo ndi azimayi ali ndi ana amiyezi 6 ndi chepelapo amene inuyo muli umodzi wa iwo kuphatikizapo azachipatala monga madokotala ndi manesi. Ena ache ndi eni masitolo mu Kalingalinga/Chelstone. Tikufuna anthu okwanila 364 kuti atengemo mbali.

Kachitidwe kake

Ngati mwatilola kuti tikufunseni, tizakupempani kuti mutengeko mbali mu kufufuza komwe kuzatenga mpidi 30. Kuzachitidwa mwa chinsinsi. Tikoza kulembako zina pa zimene muzatiuza Ngati pali zina zimene mufuna kuti zisalembedwe kalani omasuka kunena. Ngati muzativomeleza kulemba uthengau uzatithandiza kumvesesa zimene mukunena. Dzina lanu silizalembedwa.

Zovuta zolowesedwamo

Sitikuyembekezela kuti muzakhala ndi vuto lalikulu pa kutengamo mbali kwanu.Tikufuna kukusimikizilani kuti uthenga umene tizatenga kwa inu sitizagawana ndi wina aliyense kunja kwa gulu lofufuza, Ngakale zili conco muzafunika kutipasa nkhani za umwini.

Mapindu

Palibe mapindu achindunji kwa inu koma zimene tiphunzire kwa inu kuzatithandiza kuti tipeze njila zopangisila kuti umoyo wa ana ukhale wa bwino mu Kalinganlinga/Chestone.

Malipilo

Kulibe malipilo aliwonse kwa otengako mbali mukufukuzaku cifukwa ndi mbali ya zaumoyo. Ngakale zili conco ndalama yoyendela(K30) pa ntawi ya mapuzilowa izapelekedwa.

Kuchinjiliza chinsinsi

Sitizaika maina pa uthenga uliwonse wumene tizatenga kwa inu. M'mumalo mwake tizagwirisa ncito ma nambala monga zizindikilo. Uthengau tizausungila mu kompyuta ndi mau achinsinsi.

Nchiyani chigachitike ngati simukufuna kutengamo mbali kapena mufuna kuleka kufunsa mwamusanga?

Muli omasuka kusanka kutengamo mbali mupunziloli. Muli omasukanso kuleka nthawi ina iliyonse ya kufusa. Mulinso omasuka kusayankha mafuso amene salibwino kwa inu ndipo palibe vuto iliyonse. Ngakale mwatengamo kapena mwalekela pa njila koma tizakupasani ndalama yoyendela (K30) pa nthawi imene mwataya papunziloli.

Amene mungafikile ngati mwakala ndi mafunso kapena mavuto

Ibilani foni Priscilla Funduluka, pa 0977 822963 ngati pali zina zoonjezeleka

Tumillani lamiya wa kumpando University ya Zambia, Biomedical Ethics Committee (UNZABREC) ku sukulu ya zamankwala;

P.O. Box 50110, Lusaka, Zâmbia.

Telefone: 0211 256067.

Emelo: <u>unzarec@zamtel.zm</u>

Apêndice 7 Formulário de consentimento para a discussão em grupo de reflexão
(Nyanja)

Pepala la Chilolezo

Kodi siginechala yanga (chizindikilo ca chikumo) pa pepalali zitanthauza ciyani?

Siginechala yanga (chizindikilo ca chikumo) pa pepalali zitanthauza :

Nauzidwa zachifuno, kachitidwe kake, mapindu e zoopya zake.

Ndapasidwa mwayi wofunsa mafuso nikalibe kusaina.

Nazifunila kuti nitegemo mbali mupuziloli.

_______________	_______________	_______________
Dzina la wotengamo mbali	siginecha ya wotengamo mbali	Siku

_______________	_______________	_______________
Dzina la munthu wopempa chilolezo	siginecha ya munthu wopempa chilolezo	siku

Pempani wotengamo mbali kuti aike chizindikilo chachikumo chikulu cha Kuzanja

Dzina la mboni ngati wopeleka
Chilolezo sangawelenge ndi kulemba

_______________	_______________
siginecha ya mboni	siku

Apêndice 8 Ficha de informação para os proprietários de estabelecimentos comerciais

(Nyanja)

PEPALA LA OTENGAMO MBALI MUKUFUNSIDWA - ENI A SITOLO

Mutu wa phunzilo: Mugwirizano wa malamulo wa kugulisa zakudya zolowa m'malo mwa kuyamwisa mu Kalingalinga ndi ku Chelstone, Lusaka, Zambia.

Mwini Wofufuza: Priscilla Funduluka

NÃO:

Choyamba

Pumzirololi la chitidwa pansi pa University ya Zambia kuno ku Kalingalinga/Chelstone. Puzirololi ili pa kadyesedwe ka ana amusinku ochepela miyezi 6.

Chifuno cha kufufuzaku

Chifukwa cha punziloli ndi kupeza malingalilo amene angatithadize kuzi mulingo umene kugwilizana ndi malamulo akagulisidwe a zakudya zolowa mumalo mwa kuyamwisa ndiponso zopangisa azimayi kuti azipasa ana ao zolowa mumalo akuyamwisa. Tikuyebekezela kuti kulakhula nanu kuzatithadiza kusitha umoyo wa ana ndi amai ao mu Kalingalinga/Chelstone kupyolela mu kuyamwisa chabe basi.

Chifukwa ninji mufusidwa kuti mutengemo mbali?

Otengamo mbali muphuziloli ndi aku Kalingalinga/Chelstone. Pakati pawo ndi azimayi ali ndi ana amiyezi 6 ndi chepelapo amene inuyo muli umodzi wa iwo kuphatikizapo azachipatala monga madokotala ndi manesi. Ena ache ndi eni masitolo mu Kalingalinga/Chelstone. Tikufuna anthu okwanila 364 kuti atengemo mbali.

Kachitidwe kake

Ngati mwatilola kuti tikufunseni, tizakupempani kuti mutengeko mbali mu kufufuza komwe kuzatenga mpidi 30. Kuzachitidwa mwa chinsinsi. Tikoza kulembako zina pa zimene muzatiuza Ngati pali zina zimene mufuna kuti zisalembedwe kalani omasuka kunena. Ngati muzativomeleza kulemba uthengau uzatithandiza kumvesesa zimene mukunena. Dzina lanu silizalembedwa.

Zovuta zolowesedwamo

Sitikuyembekezela kuti muzakhala ndi vuto lalikulu pa kutengamo mbali kwanu.Tikufuna kukusimikizilani kuti uthenga umene tizatenga kwa inu sitizagawana ndi wina aliyense kunja kwa gulu lofufuza, Ngakale zili conco muzafunika kutipasa nkhani za umwini.

Mapindu

Palibe mapindu achindunji kwa inu koma zimenc tiphunzire kwa inu kuzatithandiza kuti tipeze njila zopangisila kuti umoyo wa ana ukhale wa bwino mu Kalinganlinga/Chestone.

Malipilo

Kulibe malipilo aliwonse kwa otengako mbali mukufukuzaku cifukwa ndi mbali ya zaumoyo. Ngakale zili conco ndalama yoyendela(K30) pa ntawi ya mapuzilowa izapelekedwa.

Kuchinjiliza chinsinsi

Sitizaika maina pa uthenga uliwonse wumene tizatenga kwa inu. M'mumalo mwake tizagwirisa ncito ma nambala monga zizindikilo. Uthengau tizausungila mu kompyuta ndi mau achinsinsi.

Nchiyani chigachitike ngati simukufuna kutengamo mbali kapena mufuna kuleka kufunsa mwamusanga?

Muli omasuka kusanka kutengamo mbali mupunziloli. Muli omasukanso kuleka nthawi ina iliyonse ya kufusa. Mulinao omasuka kusayankha mafuso amene salibwino kwa inu ndipo palibe vuto iliyonse. Ngakale mwatengamo kapena mwalekela pa njila koma tizakupasani ndalama yoyendela (K30) pa nthawi imene mwataya papunziloli.

Amene mungafikile ngati mwakala ndi mafunso kapena mavuto

Ibilani foni Priscilla Funduluka, pa 0977 822963 ngati pali zina zoonjezeleka

Tumilani lamiya wa kumpando University ya Zambia, Biomedical Ethics Committee (UNZABREC) ku sukulu ya zamankwala;

P.O. Box 50110, Lusaka, Zâmbia.

Telefone: 0211 256067.

Emelo: unzarec@zamtel.zm

Apêndice 9 Formulário de consentimento para proprietários de estabelecimentos comerciais

(Nyanja)

Pepala la Chilolezo

Kodi siginechala yanga (chizindikilo ca chikumo) pa pepalali zitanthauza ciyani?

Siginechala yanga (chizindikilo ca chikumo) pa pepalali zitanthauza :

Nauzidwa zachifuno, kachitidwe kake, mapindu e zoopya zake.

Ndapasidwa mwayi wofunsa mafuso nikalibe kusaina.

Nazifunila kuti nitegemo mbali mupuziloli.

<table>
<tr><td>_________________
Dzina la wotengamo mbali</td><td>_________________
siginecha ya wotengamo mbali</td><td>_________________
Siku</td></tr>
<tr><td>

____
Dzina la munthu
wopempa chilolezo</td><td>_________________
siginecha ya munthu wopempa
chilolezo</td><td>_________________
siku</td></tr>
</table>

Pempani wotengamo mbali kuti aike chizindikilo chachikumo chikulu cha Kuzanja

Dzina la mboni ngati wopeleka
Chilolezo sangawelenge ndi
kulemba

                                _________________   _________________
                                  siginecha ya mboni   siku

Apêndice 10 Guia de perguntas para as discussões dos grupos de centragem, questionários e cartas de aprovação

MUGWIRIZANO WA LAMULO LA MALONDA A ZAMULOWA MALO WA KUYAMWISA PAKATI PA OPANGA NDI OGULITSA MU KALINGALINGA NDI MU CHELSTONE, LUSAKA, ZÂMBIA (Nyanja).

CHITSOGOZO CHA MAFUNSO AMAKABITSILANO AMAGULU

CHOLINGA

Kuona zinthu zimene zimapangitsa azimayi kuti afune BMS mwa Kalingalinga ndi Chelstone monga zotulukapo kusagwirizana kwa opanga ndi ogulitsa ndi lamulo.

MAFUNSO

1. Kodi ndi mapindu ati akuyamwitsa?
2. Kodi ndi ngonzi zotani zimene zilipo za kudyetsa makanda zakudya za amulowa mu malo akuyamwitsa?
3. Kodi ndi zifukwa zotani zimene amayi a ana ochepela miyezi 6 amapereka zopasila ana awo zakudya za amulowa malo akuyamwitsa?
4. Nanga n'chiyani chimapangitsa azimayi wa kugwiritsila nchito amulowa malo a kuyamwitsa? a) Azimayi afilkilidwa ndi Oimila ma kapani opanga za amulowa malo akuyamwitsa b) Azimayi apatsidwa zina mwa mwa zopagidwanzo monga mpaso pamene ali ndi pakati.
5. Kodi ndi kumemeza kotani kumene kumawakoko?
6. Kodi ndi kutsatsa kotani kumene kumawakoka?
   - a) Amayi aona zithunzithunzi za makanda amene agwiritsa nchito BMS.
   - b) Amawerenga pa zimene zili pa botolo azopagidwazo.
   - c) Aona mauthenga akuyamwitsa pa mabotolo a ana ochepela miyezi 6
   - d) Aziwa kuti opanga sayenela kunena kuti azipeleka mauthenga a BMS.
   - e) Alandila mpaso za ulele .
7. Kodi zisokenzelozi zimachokela kuti?
   - a) Anchito azaumoyo,
   - b) Opanga amene amawayendela,
   - c) Anzawo ,
   - d) Achibale.
8. Kodi azimayi amagawana bwanji zeru za kugwiritsila nchito amulowa malo akuyamwitsa ndi azanwo?
9. Kodi muganiza kuti BMS ingaonoge makanda?

NB: Malamulo akusonyeza kuti "muzimayi ali yense ayenela kuudzidwa moyenela ndi mokwanila pazimene ayenela kuchita pa kudyesa mwana wake":

Date: ..../........./............ (dd/mm/yyyy)

Ref:	Country	Monitor	#
	- - -	- -	2 - - -

SIM FORM 2: PROMOTION IN SHOPS

> **General note:** This form is intended to cover all retail outlets including pharmacies.

Name of shop ....   Town/village ....

1) Have any companies sent promoters to the shop to advise consumers on infant feeding or on particular products? If yes, give details in the box below.

> **Contact by marketing personnel:** Article 5 forbids company reps. (or promoters, i.e. people hired by the company to push particular products) from seeking direct and indirect contact with the consumer. Report all personal approaches/contacts by promoters with a view to selling or giving information about infant feeding.

Company	Brand name	Observations
1a		
1a Details:		
1b		
1b Details:		
1c		
1c Details:		

2) Are any of the following promotional techniques[1] used to promote sales of infant foods/bottles/teats in this shop? If yes, give details in the box below.

> Article 5 forbids point-of-sale advertising, giving samples, or any other device to induce sales directly to the consumer at the retail level. Where possible, please include specimens or photos with this Form. Mark them with the same reference as you have written at the top right-hand corner of this Form. Indicate also which question a specimen or photo relates to. (For example: MAL/JK/2001- Q.2.a)

Company	Brand name	Promotional Techniques[1]	Sample attached? (Yes / No)
2a			
2a Details			
2b			
2b Details			
2c			
2c Details			

[1]Promotion: A. Discounts to customers, B. Special displays, C. Coupons, D. Samples, E. Gifts with purchase, F. Posters on display, G. Product information*, H. Special sales, I. Tie-in-sales (buy one, get two, etc), J. Product launch, K. Shelf-talkers, L. Other (write under "Promotional Technique"...)

*Analyse specimen under form 5B for promotional content (to prevent double entries, write the ref. number of this form in the Heading line of 5B).

yes **I want** morebooks!

Buy your books fast and straightforward online - at one of world's fastest growing online book stores! Environmentally sound due to Print-on-Demand technologies.

Buy your books online at
www.morebooks.shop

Compre os seus livros mais rápido e diretamente na internet, em uma das livrarias on-line com o maior crescimento no mundo! Produção que protege o meio ambiente através das tecnologias de impressão sob demanda.

Compre os seus livros on-line em
www.morebooks.shop

Printed by Books on Demand GmbH, Norderstedt / Germany